はじめに
魔法の呪文〝VBA〟を一緒に勉強しませんか？

JN141512

本書の主人公は、とある会社の経理部に異動してきた金増くん。そこで、〝魔女〟先輩社員の沙耶と出会います。数々の業務を魔法のようにササッと自動[illegible]沙耶に弟子入りし、金増くんは魔法の呪文を習います。
[illegible]動化してくれる魔法の呪文、その正体は「エクセルＶＢＡ（ブイ・[illegible]）」。エクセルに搭載されているプログラミング言語です。みなさんも金[illegible]緒にＶＢＡを勉強しませんか？
[illegible]、マンガと解説の二段構えでＶＢＡの構文や使い方を紹介していきます。[illegible]増くんと一緒に沙耶さんのレッスンを受けた後に解説があるので、復習[illegible]チリです。「難しそうだけどＶＢＡに挑戦したい」、そんなあなたのお役[illegible]は幸いです。

2018年12月　きたみあきこ

本書のサンプルデータについて

本書のサンプルデータは下記URLよりダウンロードできます。
また、追加・訂正情報があれば掲載しています。

https://book.mynavi.jp/supportsite/detail/9784839966799.html

目次

第3章 最初にこれだけ知っておこう エクセルVBA攻略のカギ

定型処理でサクサク自動化

Goodrinko
営業から異動してきた
金増 英和です！
よろしく
お願いします！
飲料メーカー
「グッドリンコ」
経理部
かねます ひでかず
金増 英和

よろしく
それにしても
君は経理部には
うってつけの
名前だな
ハハハ
いやぁ
経理部　部長
すぎもと みつひこ
杉本 充彦
今後は
そこの松山くんに
従ってくれ

部長　私にこんなベイビー
押し付けないでくださいよ
経理部
まつやま　さ　や
松山 沙耶
べ ベイビー……!?
オレのこと…？

ま　そう言わずに
頼んだぞ
ムスッ
なんだこの人……
失礼な人だな
ベイビーちゃん
アンタ
VBAでマクロ
作れたりする？

いえ……できません
そうよね……ま　いいや
仕事の流れを説明するわ
経理の仕事は
よし！ 教わった通りに…
カタタ ターン！
カタ カタ
カタ カタ
カタ…タ…
にしても……
金増が想像していた
以上のものだった――
ブオオオォ…
データがどんどんやって来るぅぅぅ
ヒィィ
こりゃ……
大変だわ

このマクロがなかったら
えらいことになってるな
メインメニュー
データ管理
予算管理
経費管理
売上管理
予実管理
外部データ
データ出力
データ取り込み
クラウド
終了
しかも
これ全部……
ちらっ
うちのマクロは全部
松山さんが作ったんだよ
な！
すげえんだぞ
あの人
口悪いけど
スゴイ人なんだな……
お
例のプロジェクト
ついに始まった？
う〜ん
俺もマクロ
勉強したいけど…
ギロッ
ベイビーちゃん!!
？
アンタ
これから
大変になるわよ
ちらっ
ドキッ

	A	B	C	D	E	F	G	H
1	売上報告書							
2								
3	商品名	爆炭酸水						
4	エリア	東京都港区			拠点	東京城南拠点		
5	調査期間	2018/11/4 ~ 2018/11/10			報告日	2018/11/19		
6								
7	No	販売店				売上データ		
8		名称	形態	店舗規模	最多顧客層	売上数	販売単価	売上金額
9	1	西急ストア　三田店	スーパー	C	20代	296	130	¥38,480
10	2	西急ストア　芝公園店	スーパー	A	40代	428	130	[illegible]
11	3	西急ストア　新橋店	スーパー	B	40代	313	130	[illegible]
12	4	丸中スーパー　品川店	スーパー	C	30代	160	130	¥20,800
13	5	丸中スーパー　白金台店	スーパー	A	20代	475	130	¥61,750
14	6	丸中スーパー　高輪店	スーパー	C	30代	335	130	¥43,550
15	7	阪急ストア　芝浦店	スーパー	A	20代	503	130	¥65,390
16	8	阪急ストア　南青山店	スーパー	C	30代	104	130	¥13,520
17	9	阪急ストア　田町店	スーパー	C	40代	213	130	¥27,690
18	10	エイト 芝公園店	コンビニ	B	20代	341	130	¥44,330
19	11	エイト 三田店	コンビニ	C	20代	175	130	¥22,750

	A	B	C	D	E	F	G	H
1	爆炭酸水　売上データ							
2								
3	エリア	販売店	形態	店舗規模	最多顧客層	売上数	販売単価	売上金額
120	東京都新宿区	マルワ　北町店	ドラッグストア	A	20代	468	130	¥60,840
121	東京都新宿区	マルワ　高田馬場店	ドラッグストア	B	20代	219	130	¥28,470
122	東京都新宿区	ケイストア　三栄町店	ドラッグストア	A	20代	364	130	¥47,320
123	東京都新宿区	ケイストア　下落合店	ドラッグストア	C	20代	198	130	¥41,600
124	東京都新宿区	ケイストア　早稲田店	ドラッグストア	A	40代	320	130	¥25,740
125	東京都港区	西急ストア　三田店	スーパー	C	20代	296	130	¥38,480
[illegible]	[illegible]都港区	西急ストア　芝公園店	スーパー	A	40代	428	130	¥55,640
[illegible]	[illegible]都港区	西急ストア　新橋店	スーパー	B	40代	313	130	¥40,690
128	東京都港区	丸中スーパー　品川店	スーパー	C	30代	160	130	¥20,800
129	東京都港区	丸中スーパー　白金台店	スーパー	A	20代	475	130	¥61,750
130	東京都港区	丸中スーパー　高輪店	スーパー	C	30代	335	130	¥43,550
131	東京都港区	阪急ストア　芝浦店	スーパー	A	20代	503	130	¥65,390
132	東京都港区	阪急ストア　南青山店	スーパー	C	30代	104	130	¥13,520
133	東京都港区	阪急ストア　田町店	スーパー	C	40代	213	130	27690
134	東京都港区	エイト 芝公園店	コンビニ	B	20代	341	130	44330
135	東京都港区	エイト 三田店	コンビニ	C	20代	175	130	22750

最初は量も少なく
手作業でも簡単に行えたが

量が増えるに従い
ピローン
ピローン
ピローン
ピローン
ピローン
ピローン
金増の時間はどんどん
奪われていった……
フフフ…
あの不敵な笑みは
このことだったのか！
あ、
でもこれさ
マクロで
できないの
……？
今回はマクロを
組まないん
ですか？
少量
○○県のデータ
たくさん
全国のデータ
テストでまだ
データ数が
少ないからよ
これが
全国販売になったら
もちろん組むわよ
ああ
なるほど

でもそれって
どうやって作るんだろ……
うーん…
ベイビーちゃんさ
アンタ　もしかして……

自分でマクロ組みたい
なんて思ってるわけ？

え？
……ああ
まあ その
できればですけど

キラッ

本気？
ドキッ
は はい
やるからにはちゃんと
作りたいです
ギィ

こうして
沙耶によるドキドキのレッスンが
始まったのであった――

登場人物紹介

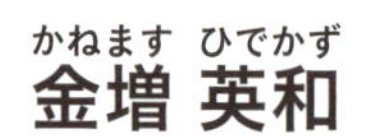

金増 英和（かねます ひでかず）

入社5年目。飲料メーカー「株式会社グッドリンコ」の経理部に所属。入社以来、営業畑でバリバリ働いていたがひょんなことから経理部に異動になる。エクセルは営業時代に培った技術で使いこなせる自信があったのだが…。

松山 沙耶（まつやま さや）

入社10年目。飲料メーカー「株式会社グッドリンコ」の経理部に所属。割とはっきり物事を言うタイプ。プログラミングが趣味で、人と群れて何かをするのは少し苦手。周りからは密かに「魔女」と呼ばれ、怪しい雰囲気が漂っている。

杉本 充彦（すぎもと みつひこ）

経理部の部長。金増と松山の上司。何事も穏便に済ませたい保守的なタイプ。

マクロの世界をのぞいてみよう

会議室
何度も操作が必要
A
コピー&
ペースト
A
B
コピー&
ペースト
B
C
コピー&
ペースト
C
カチカチカチ
手作業なら
手間も時間も
かかることを
一度の操作でOK
A
B
C
ボタン
ひとつ!!
A
B
C
カチッ
おぉ
ボタンひとつで
自動的にできる
えいっ
ボワン
わっ
パッ
パッ
パッ
魔法は
いいですね〜っ
それがマクロ
いわば魔法よ！
そして……

その魔法を
生み出すための呪文が
ブイビーエー
VBA＝
ビジュアル ベーシック フォー アプリケーションズ
Visual Basic for Applications
マクロ（魔法）を動かすための
プログラミング言語（呪文）よ
なるほど
Worksheets
& i).Value

そして
このプログラミング言語を
書くための編集ソフトが
ブイビーイー
VBE＝
ビジュアル ベーシック エディター
Visual Basic Editor
VBAが言語で
VBEが編集ソフト
ってことは…
要は　こうね
書く
動かす
VBE
VBA
マクロ
魔法の杖
呪文
魔法
はいっ
VBEを起動するわよ
エクセルの上の
タブを見て

そこに
「開発」タブがあれば
VBE が使える状態よ
……
見当たり
ません
①右クリック
②クリック
なら　タブを
右クリック
「リボンのユーザー
設定」を選択
はい
パ
なんか
出てきた
そこの「開発」を
チェックしたら OK
これか！
よし
次は
セキュリティを
設定しちゃうわよ
おっ 出た
パ
セキュリティ!?
これで
VBE が使えるわ
ほほーっ

マクロはプログラムでしょ？
中には悪いプログラムもあるわけ
ヒヒヒ…
ほれ
うわ
悪そうですねぇ
そんなウイルスみたいな
ファイルを開いたら……
こう
なるわよ
クラッシュ
パカッ!!!
ヒヒヒ
データ流出
CLICK
それは
マズイ！
だから最初に
それを防ぐ
設定をするの
大事ですね

設定するには
「マクロのセキュリティ」を
クリックして……
ファイル
ホーム
挿入
ページ レイアウト
相対参照で記録
Visual Basic
マクロのセキュリティ
アド
イン
A1
A
B
C
D
カチッ

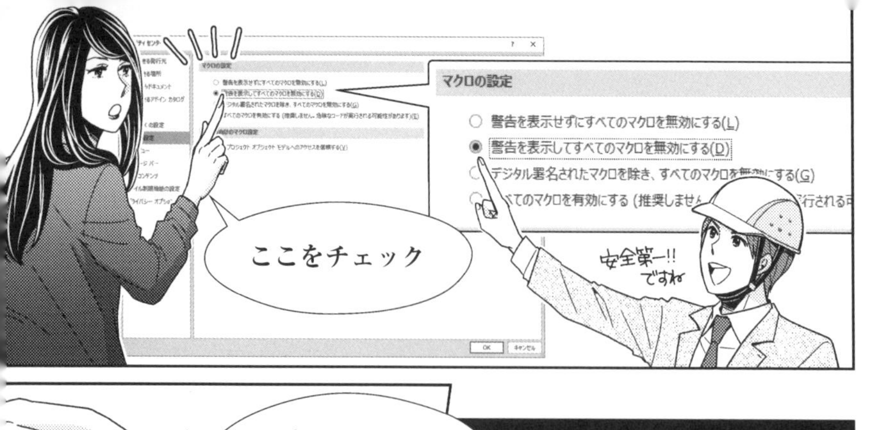
マクロの設定
警告を表示せずにすべてのマクロを無効にする(L)
警告を表示してすべてのマクロを無効にする(D)
デジタル署名されたマクロを除き、すべてのマクロを無効にする(G)
ここをチェック
安全第一!! ですね

これで マクロファイルを 開くと……
カチ
なんか出ましたね
早く魔法を かけさせろ～
ヒヒヒ…
早く～っ
セキュリティの警告　マクロが無効にされました。
コンテンツの有効化
安全だとわかってる マクロファイルは
このまま有効化 すれば OK だけど

知らない ファイルなら…閉じる
カチッ
共有
検索と 選択
えいっ
ズバーン
なるほど

さて
次は実行ね
方法は二つ
1 エクセルから実行する方法
2 VBEから実行する方法
1は仕事で使ってる
ボタンのことですよね？

そう 例えばこれは
納品書のデータを
自動的に一覧表へ
転記する魔法
これらのデータを
ここに転記！
納品書
納品番号
10002
納品日
2019/4/2
リセット
納品番号
検索
No
日付
品番
商品名
単価
数量
金額

実行するには
ボタンを押すだけ
一覧表へ転記
印刷
リセット
納品番号
検索
クリック！

ジドーテーンキ！
パァァァァァァァ
からっ
まとめて転記
パッ
キィ
便利だよなぁ
これは序の口
次は２のVBEからの実行よ
魔法の杖からですね
起動するには開発タブの左端にある「Visual Basic」をクリック
カチッ
はい
Visual Basic
納品書
株式会社グッドリンコ
〒100-0003

おっ
新しい画面
これがVBEの画面よ
そして
これがVBAの呪文
Dim 最終行 As Long
Dim i As Integer
For i = 1 To 10
End If
Next
Range("F3:F4,A3,B12:E21").ClearContents
End Sub
Sub 印刷()
ActiveSheet.PrintPreview
End Sub
Sub リセット()
Range("F3:F4,A3,B12:E21").ClearContents
Range("A3").Select
End Sub
Sub 検索()
Dim キーセル As Range
Dim 検索セル As Range
Dim 第一セル As Range
Dim 行 As Integer
Set キーセル = Worksheets("一覧表").Range("A1").CurrentRegion.Columns(1)
Set 第一セル = キーセル.Find(Range("I10"), lookat:=xlWhole)
If 第一セル Is Nothing Then
MsgBox "指定した納品番号は見つかりませんでした。"
Exit Sub
End If
へぇ～っ
英語みたいですね
みたいじゃなくて
英語なの
ここに呪文を
書くことで
魔法を
生み出せるわけ
ほぅ

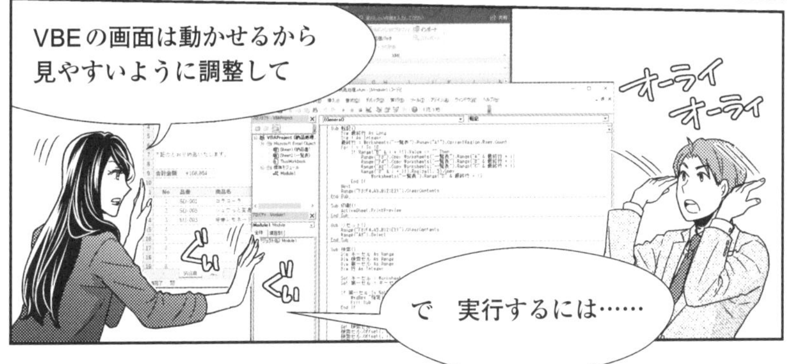

VBEの画面は動かせるから
見やすいように調整して
ぐい
ぐい
オーライ
オーライ
で　実行するには……

表示(V)　挿入(I)　書式(O)
(General)
転記()
そうね
そのボタンから
魔法を放てるわ
まず呪文名の上を
クリックしてから、
ボタンを押して
ここ！
挿入(I)　書式(O)　デバッグ(D)
(General)
Sub 転記()
Dim 最終行
再生ボタン
みたいですね

消えたから……
からっ
納品書
できた～！
じゃ～ん
ココを押して…
Sub 転記()
カチ
ココを
押す！
カチ

カツ
ヒュオォォォ
結果をチェックしながら
実行できるわけか
そう
ケースバイケースで
使い分けなさい
はい

ヒュオォォォォ…
さて……
マクロ
魔法山
これからアナタは
あの魔法伝授の山
魔法山へ登るのよ
登山は得意です！
趣味はトレッキングです！
この山は
手強いわよ
大丈夫です
絶対に登って
みせます！
どんとこい!!
その言葉
忘れるんじゃないよ
ベイビーちゃん！

マクロって何？
VBAって何？

「マクロ」はエクセルの操作を自動実行する“魔法”

マンガでは、沙耶さんによる金増くんへのVBA（ブイ・ビー・エー）のレッスンが始まったようです。2人のレッスンを見守りながら、私たちも一緒にVBAを学びましょう。

ところで、そもそも「VBA」って何でしょうか？　金増君が言っていた「自分でマクロを組みたい」の「マクロ」って何のことでしょうか？　その辺りから説明を始めたいと思います。

次ページの図は、マンガに出てきた納品処理を図解したものです。一番上の図は納品書で、1回分の納品データが入力してあります。納品書の状態ではデータの集計がままなりませんから、個々の納品書のデータを一覧表にとりまとめることになります。納品書が2、3枚なら、手作業でコピーしても大した手間ではないでしょう。しかし、何十枚、何百枚とある場合、**手作業では大変な時間がかかりますし、作業ミスも起こりかねません**。

そんなときに、「マクロ」が威力を発揮します。**マクロとは、エクセルで行う操作を自動実行できるようにしたプログラムのこと**です。あらかじめ、「一覧表の新しい行に納品書のデータをコピーする」というマクロを作成しておけば、ボタンのワンクリックで瞬時にデータをコピーできます。納品データを入力したときにカチッとクリックしておけばいいだけなのでラクチンです。沙耶さんではないですが、マクロって魔法のような機能ですね！

ボタン一発でデータをコピー

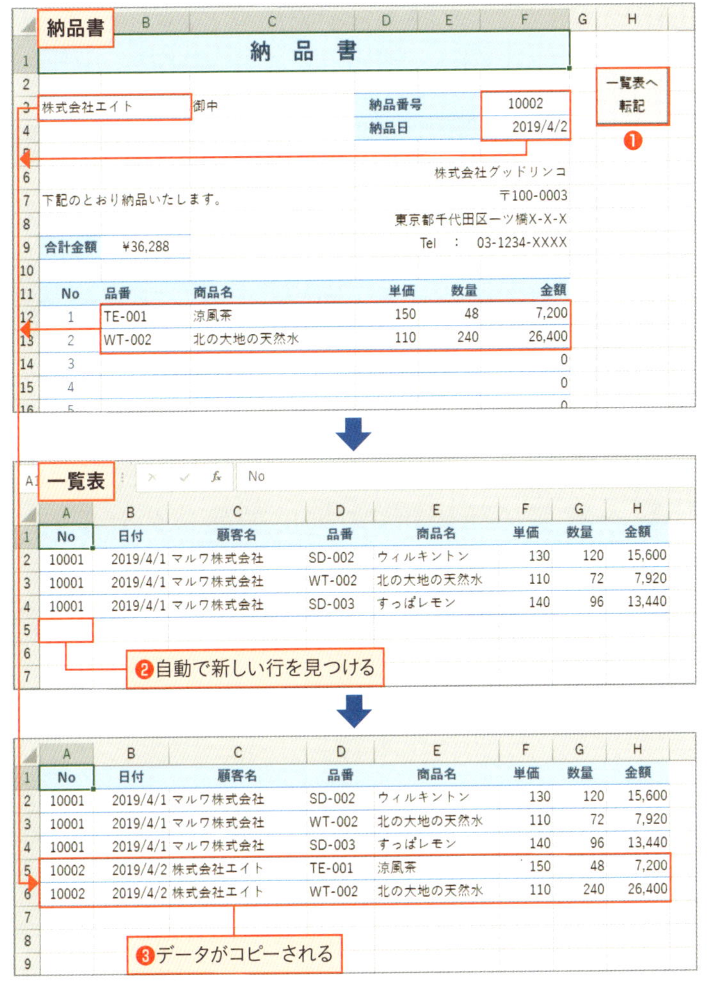

マクロを使えば、ボタンをクリックするだけで❶、自動で一覧表の新しい行を探して❷、瞬時にデータをコピーできる❸。

「VBA」はプログラミング言語という名の“魔法の呪文”

マクロでエクセルの操作を自動実行するためには、実行したい1つ1つの操作手順をあらかじめ登録しておく必要があります。前ページのマクロの場合なら、下図のような具合です。

マクロは操作の指示を並べた手順書

納品データを転記するマクロ

1. 一覧表の新規行の行番号を調べる
2. 一覧表の新規行のA列に納品書のセルF3をコピーする
3. 一覧表の新規行のB列に納品書のセルF4をコピーする
4. 一覧表の新規行のC列に納品書のセルA3をコピーする
5. 一覧表の新規行のD列に納品書の1件目の明細データをコピーする

⋮

見てのとおり、マクロは言わば操作の指示を並べた手順書です。「どのセルにどのセルをコピーする」という操作手順を細かくきちんと登録しておくことで、登録した操作をいつでも何度でも自動で正確に実行できるのです。

ただし、残念ながらExcelは日本語の指示を理解できません。マクロの操作手順は、Excelが理解できる言語で書かなければなりません。その言語こそが「Visual Basic for Applications」、略して「VBA」です。

VBAはExcelを操作するためのプログラミング言語、そしてマクロはVBAというプログラミング言語で書かれたプログラムです。マクロが魔法だとしたら、VBAは魔法の呪文といったところでしょうか。

操作手順はVBAというプログラミング言語で書く

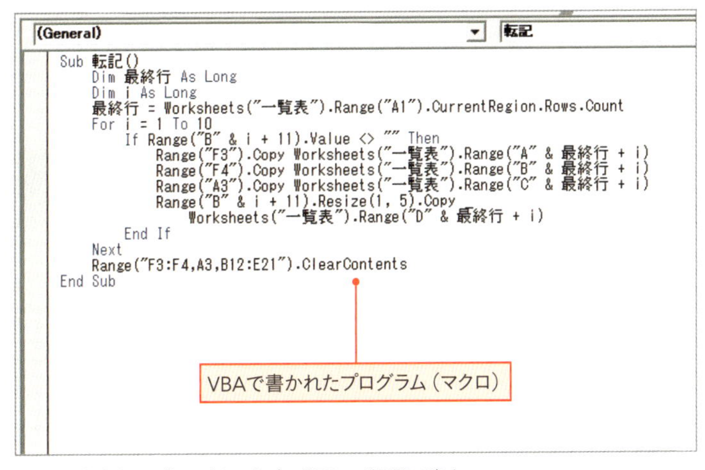

マクロの命令文は、「VBA」というプログラミング言語で書く。

まとめ

①「マクロ」は、エクセルで行う操作を自動実行できるようにしたプログラム。

②「VBA」は、エクセルを操作するためのプログラミング言語。

マクロ作りの環境設定

まずは「開発」タブを表示しよう

マクロを作成する準備として、リボンに「開発」タブを表示しましょう。**「開発」タブとは、マクロの作成や実行に関するボタンを集めたタブのことです**。マクロ作りに欠かせないタブですが、エクセルの標準の設定では表示されていません。

「開発」タブ

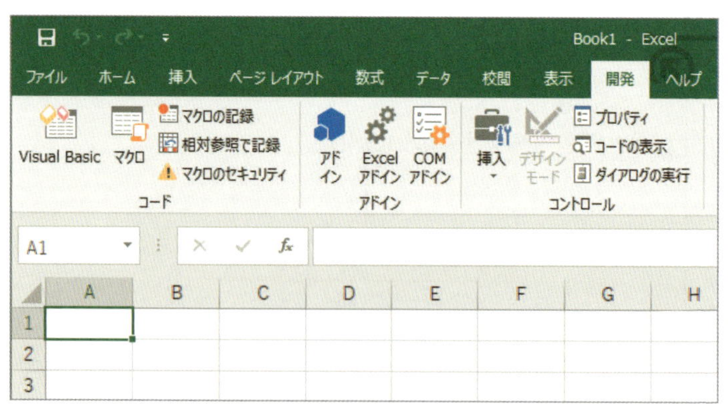

「開発」タブには、マクロの作成や実行に関するボタンが集められている。

「開発」タブを表示するには、リボンのいずれかのタブを右クリックして、表示されるメニューから「リボンのユーザー設定」をクリックします。開く画面のタブのリストから「開発」にチェックを付ければOKです。

「開発」タブを表示する

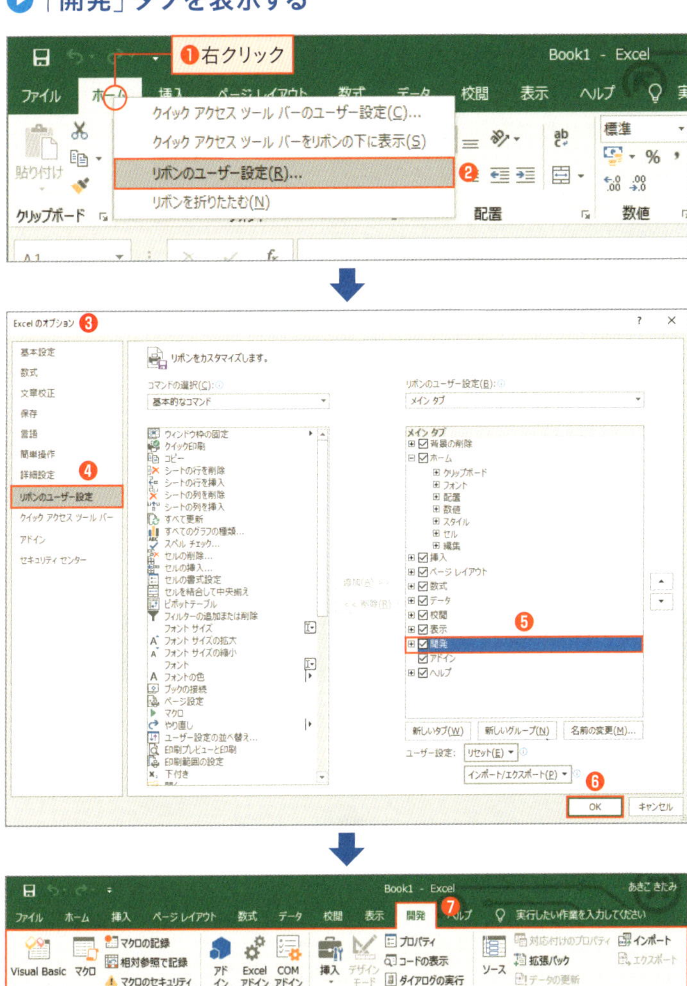

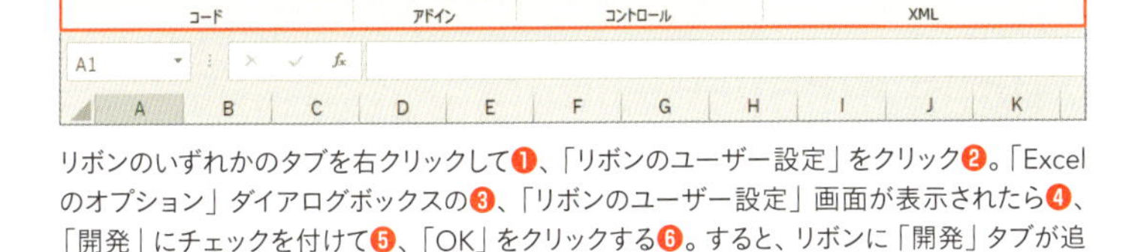

リボンのいずれかのタブを右クリックして❶、「リボンのユーザー設定」をクリック❷。「Excelのオプション」ダイアログボックスの❸、「リボンのユーザー設定」画面が表示されたら❹、「開発」にチェックを付けて❺、「OK」をクリックする❻。すると、リボンに「開発」タブが追加される❼。

セキュリティ設定を忘れずにチェック!

マクロは便利な機能ですが、その一方で、この機能を悪用した「**マクロウィルス**」という悪質なプログラムも存在します。そのようなマクロを含むファイルがパソコンに忍び込み、うっかり開いたときにマクロウィルスのプログラムが実行され、大事なパソコンがウィルスに感染してしまっては大変です。

そんな事態を防ぐために、セキュリティの設定を確認しましょう。「開発」タブの「マクロのセキュリティ」をクリックし、開く画面で「**警告を表示してすべてのマクロを無効にする**」が選択されていればOKです。そのほかの項目が選択されている場合は、設定を変更してください。

セキュリティ設定を確認する

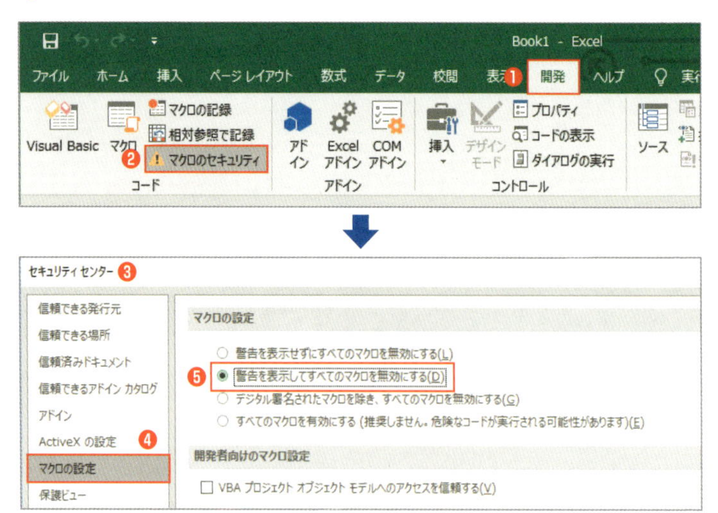

「開発」タブにある❶、「マクロのセキュリティ」をクリックすると❷、「セキュリティセンター」ダイアログボックスの❸、「マクロの設定」画面が開く❹。その画面で「警告を表示してすべてのマクロを無効にする」が選択されていることを確認する❺。

マクロを含むファイルを開く

設定の効果を確認するために、サンプルファイルの「納品処理.xlsm」を開いてください。すると、黄色いバーに「セキュリティの警告　マクロが無効にされました。」と表示されます。「マクロが無効になる」とは、マクロを実行できない状態のことです。マクロウィルスによる感染を防ぐために、危険なマクロも安全なマクロも一緒くたに無効にされてしまうわけです。

ファイルが安全とわかっている場合は、**「コンテンツの有効化」をクリックしてください。すると、黄色いバーが消え、マクロを実行できる状態になります**。一度有効にすると、次回からは「セキュリティの警告」は表示されません。

マクロを有効にする

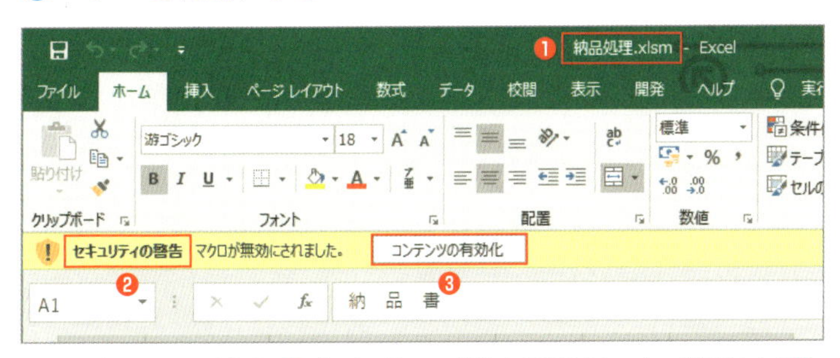

マクロを含むファイルを開くと❶、「セキュリティの警告」が表示されマクロが無効になる❷。「コンテンツの有効化」をクリックすると❸、マクロが有効になる。

まとめ

①「開発」タブは、マクロに関する機能を集めたタブ。

②ファイルを開くとマクロが無効化されるが、「コンテンツの有効化」をクリックすればマクロが有効になる。

マクロを体験してみよう

面倒な作業もマクロなら瞬時に完了！

実際にマクロを体験してみましょう。サンプルファイルの「納品処理.xlsm」を閉じてしまった場合は、再度開いてください。なお、VBEが開いている状態でマクロを含むファイルを開くと、メッセージバーの代わりにダイアログボックスが表示されるので、その画面で「マクロを有効にする」をクリックしてください。

このファイルには、2枚のワークシートが含まれます。1枚目は「納品書」シートで、納品データが入力されています。2枚目は「一覧表」シートで、既に3行分のデータが入力されています。2枚のワークシートを確認したら、「納品書」シートを前面に表示してください。

それでは、マクロを実行してみましょう。「一覧表へ転記」ボタンをクリックします。すると、「納品書」シートのデータが「一覧表」シートの新しい行にコピーされます。一覧表の新しい行を探す手間も、ワークシートを切り替えながら納品書のあちこちに散らばるデータを繰り返しコピーする手間もいりません。**ボタンのワンクリックで一瞬のうちに**これらの操作が行われるのです。マクロって便利だと思いませんか？

ボタンのクリックでマクロを実行

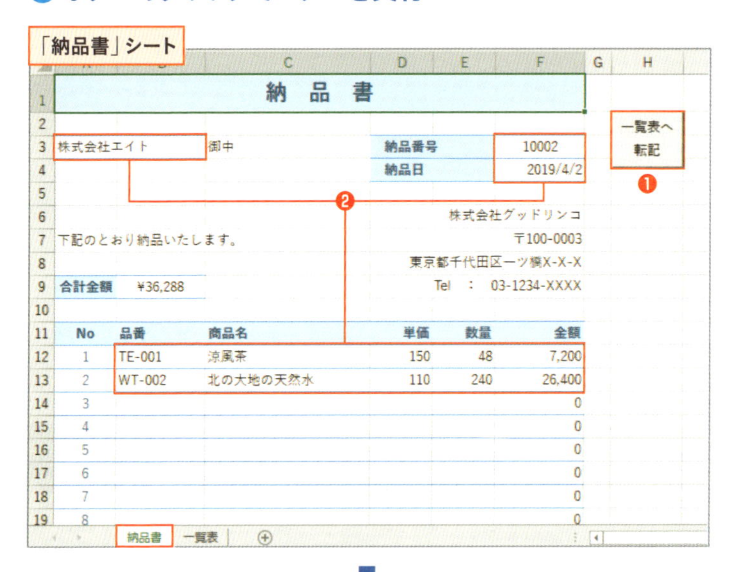

↓

「一覧表」シート

No	日付	顧客名	品番	商品名	単価	数量	金額
10001	2019/4/1	マルワ株式会社	SD-002	ウィルキントン	130	120	15,600
10001	2019/4/1	マルワ株式会社	WT-002	北の大地の天然水	110	72	7,920
10001	2019/4/1	マルワ株式会社	SD-003	すっぱレモン	140	96	13,440
10002	2019/4/2	株式会社エイト	TE-001	涼風茶	150	48	7,200
10002	2019/4/2	株式会社エイト	WT-002	北の大地の天然水	110	240	26,400

❸

納品書　一覧表

「納品書」シートと「一覧表」シートの内容を確認しておく。「一覧表へ転記」ボタンをクリックすると❶、納品書のデータが❷、一覧表に転記される❸。

マクロの編集画面「VBE」を見てみよう

次に、VBAの編集画面を開いて、マクロの様子を確認しましょう。**VBAは、「Visual Basic Editor」と呼ばれる専門の編集ソフトで編集します**。略して「VBE（ブイ・ビー・イー）」です。

VBEを起動するには、「開発」タブの「Visual Basic」をクリックします。もしくは、「Alt」キーを押しながら「F11」キーを押してもかまいません。

▶ VBEを起動する

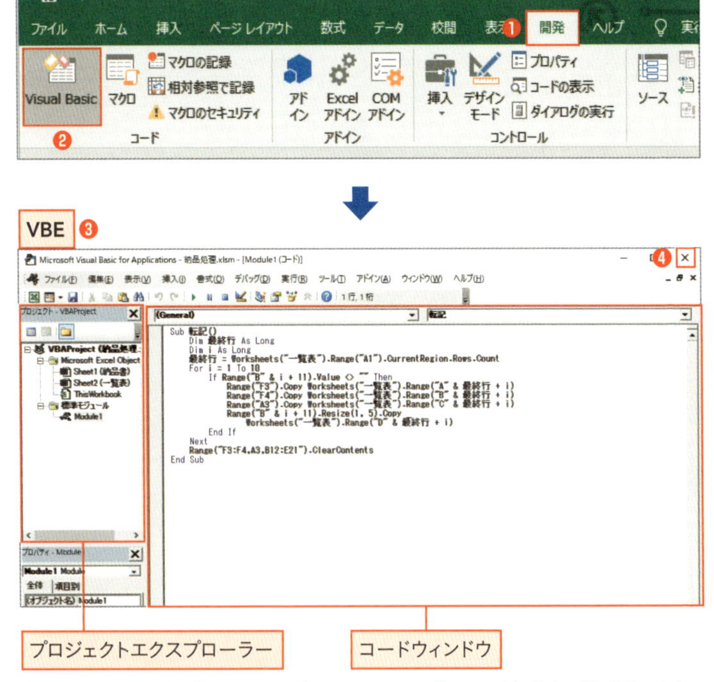

「開発」タブにある❶、「Visual Basic」をクリックすると❷、VBEが起動する❸。閉じるときは、「閉じる」ボタンをクリックすればいい❹。

VBEの画面の中で重要なのは、マクロの入力画面である「**コードウィンドウ**」と、そのコードウィンドウの表示に関わる「**プロジェクトエクスプローラー**」です。

もし、プロジェクトエクスプローラーが見当たらない場合は、「表示」メニューの「プロジェクトエクスプローラー」を選択すると表示できます。また、マクロを含むファイルを開いたにもかかわらずコードウィンドウが表示されない場合は、プロジェクトエクスプローラーの「標準モジュール」欄を見てください。**「標準モジュール」というのは、マクロの入力用のシート**のことです。「Module1」をダブルクリックすると、コードウィンドウが開きマクロが表示されます。

コードウィンドウが表示されない場合は

プロジェクトエクスプローラーの「標準モジュール」欄で「Module1」をダブルクリックすると、コードウィンドウが開きマクロが表示される。

VBEからもマクロを実行できる

コードウィンドウが開いたら、その中身をざっと見てください。英語のような単語が並んでいますね。これがVBAという言語で書かれたマクロです。この**単語の集まりを「コード」と呼びます**。先頭行に「転記」とあるのが、このマクロの名前です。

今の段階ではマクロは意味の分からない単語の羅列で、本当に呪文のように感じるかもしれません。しかし、心配は無用です。この本の最後には、このマクロの意味がわかるようになります！

さて、マクロの実行は、VBEからも行えます。マクロの作成時にテスト実行する場合に便利です。マクロを実行するには、「転記」という**マクロ名の上をクリックして、「Sub／ユーザーフォームの実行」をクリックします**。納品書に適当にデータを入力したうえで、マクロを実行してみてください。

VBEからマクロを実行する

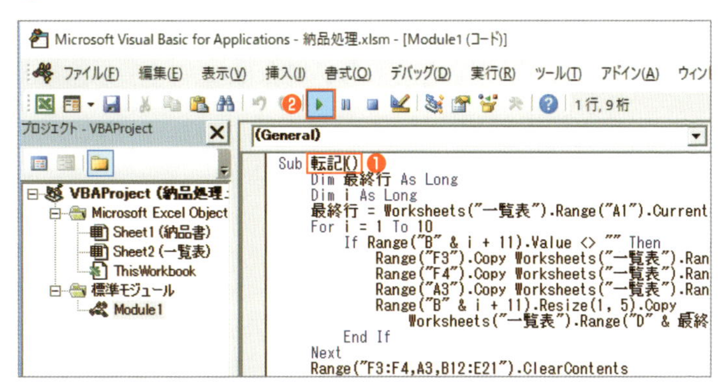

納品書に適当なデータを入力して、「納品書」シートを選択しておく。一覧表が選択された状態だとマクロがうまく動かないので注意すること。VBEに切り替え、マクロ名の上をクリックして❶、「Sub／ユーザーフォームの実行」をクリックすると❷、マクロが実行される。実行結果を確認したら、ファイルを保存せずに閉じておく。

①VBEは、VBAの編集ソフト。
②ボタンを使えば、マクロをすばやく実行できる。
③VBEの画面でマクロをテスト実行できる。

第2章

マクロ作りって意外とカンタン！

Goodrinko
松山さんて
なんかオーラが
違うよなぁ
にしても……
ちら
ホホホ
実は　ほんとに
魔女だったりして……
シャキッ
いっ いえ
今日もよろしく
お願いします！
何？
はっ

会議室
今日は
簡単な呪文を
書いてもらうのが
ゴールよ
はい
[呪文の基本形]
Sub マクロ名()
命令文
End Sub
まずは
これを見て
キュ
キュ
キュ
すべての呪文は
この型が基本よ
Subで始めて
命令して
End Subで終わる

[呪文の基本形]
Sub マクロ名()
Sub
まずは
名前から

名前がついて初めて
この世界に存在するように
魔法にも
名前をつけるのよ
金増英和
爆炭酸水
ペン
△△△
○○○
魔法の名前…
マクロ名ですね
例えば
「選択されたセルに
文字を自動的に表示する呪文」
Sub モジカモーン ()
ActiveCell.Value = "ベイビーちゃん"
End Sub
そのまんまの
名前だぁ
まずはこれを書く
練習から
はい
これを
実行すると
ベイビーちゃん
こう
お〜
ベイビーちゃんの
文字が出た!

VBEでは
VBAのプログラムを
入力するシートのことを
「モジュール」って言うの
モジュール……
Microsoft Visual Basic for Applications - Book1
①
挿入(I)
②
標準モジュール(M)
作るには　VBEの
「挿入」メニューから
「標準モジュール」をクリック
じゃあ
ここに打ち込んで
Sub モジカモーン ()
ActiveCell.Value = " ベイビーちゃん "
End Sub
ええっと
大文字の S と
小文字の u と b で
……半角空けて
ストップ！

なんですか？
そんな
まどろっこしいこと
しなくていいの！
大文字とか
小文字とか！
ぶん
ぶん

小文字で sub と書いて
sub モジカモーン
半角
半角空けて
マクロの名前まで書く！
はい！
カタ
カタ カタ

で エンター！
1行, 17桁
(General)
sub モジカモーン
Object
は はい
Enter
タ―ンッ

おお！
勝手に最後まで出た！
しかも( )も
出てるし
Sub モジカモーン()
End Sub
小文字も
大文字に
変わってる!!

自動で変えて
くれるのよ
ええっ
べんり!!
フフ…
次は中身
さっきの魔法は
こういう意味
魔法
モジカモーン
呪文
ActiveCell. Value ="ベイビーちゃん"
意味
選択されたセルの値に「ベイビーちゃん」と記入
Sub モジカモーン()
ActiveCell.Value = "ベイビーちゃん"
End Sub
なるほど～
カタ
カタ
じゃあ
実行してみて
スッ
再生
ボタン
…と
カチッ

Visual Basic マクロ
マクロのセキュリティ
コード
A1
ベイビーちゃん
できましたね
(General)
Sub モジカモーン()
ActiveCell.Value = "ベイビーちゃん"
End Sub
ちょっと
ここに注目して
ここだけ" "で
囲んである理由わかる?

ん?
……日本語
だから?
違う
例
"Value"
[囲んである]
「Value」という
文字データ
として認識
Value
[囲んでいない]
「Value」という
マクロコードの一部
として認識
マクロでは" "の中は
「文字データ」と認識するからよ
文字データ……

英語で書く場合は
大文字と小文字を
区別して書くこと!
ここだけは
自動変換
されないんですね
覚えて
おこう
じゃあ
ファイルを
保存して
ファイル名(N): モジカモーンマクロ
ファイルの種類(T): Excel ブック (*.xlsx)
ツール(L)
キャンセル
名前をつけて
保存と……あれ?

Microsoft Excel
次の機能はマクロなしのブックに保存できません:
• VB プロジェクト
これらの機能が含まれるファイルを保存する場合は、[いいえ] をクリックし、[ファイルの種類] ボックスでマクロ有効ファイルの種類を選択してください。
マクロなしのブックとして保存する場合は、[はい] をクリックしてください。
はい(Y)
いいえ(N)
ヘルプ(H)
なんですかこれ……？
そのまま「はい」を押すと
せっかく作った魔法が消えるわ
え！
マクロファイルを保存するときは
ここで　ファイル形式を「Excel マクロ有効ブック」にすること！
エクセル ⇒ .xlsx
マクロ入りエクセル ⇒ .xlsm
拡張子の違いに注意！
ファイル名(N):
モジカモーンマクロ.xlsm
ファイルの種類(T):
Excel マクロ有効ブック (*.xlsm)
作成者
金増英和
縮小版を保存する
なるほどマクロのｍがつくのか
気をつけないと…
さてちゃんと保存できたかチェックしてみて
いったんExcelを終了するのよ？
はい！
開きますね
カチッ
パッ

クリップボード
フォント
セキュリティの警告 マクロが無効にされました。
コンテンツの有効化
A1
Applications - モジカモーンマクロ.xlsm - [Module1 (コード)]
表示(V) 挿入(I) 書式(O) デバッグ(D) 実行(R) ツール(T) アドイン(A)
1行, 1桁
(General)
Sub モジカモーン()
ActiveCell.Value = "ベイビーちゃん"
End Sub
これが出るってことは
無事マクロが入ってるから
お〜っ
できてますね〜♪

マクロのセキュリティ
B3
A
B
ベイビーちゃん
セルを選択して
カチ
ications - モジカモーンマクロ.xlsm - [Module1 (コード)]
挿入(I) 書式(O)
(General)
Sub モジカモーン()
End Sub
実行すると……
わく
わく
カチ
B3
バーン
ベイビーちゃん
ベイビーちゃん
やったわね
よしっ

ん？
でも……
実行するのにいちいち
VBEを起動するのは
面倒ですよね
もう一回
VBEを
使うぞ
カチッ
ああ
そういうときは……
スッ

エクセルにボタンを
つければいいわ！
ボタン
ボタンいいですね〜
ボタンを設置するには、
まず「開発」タブにある「挿入」から
ボタンマークをクリックして
ボタンをつけたい場所で
ドラッグするの
グイーーッ

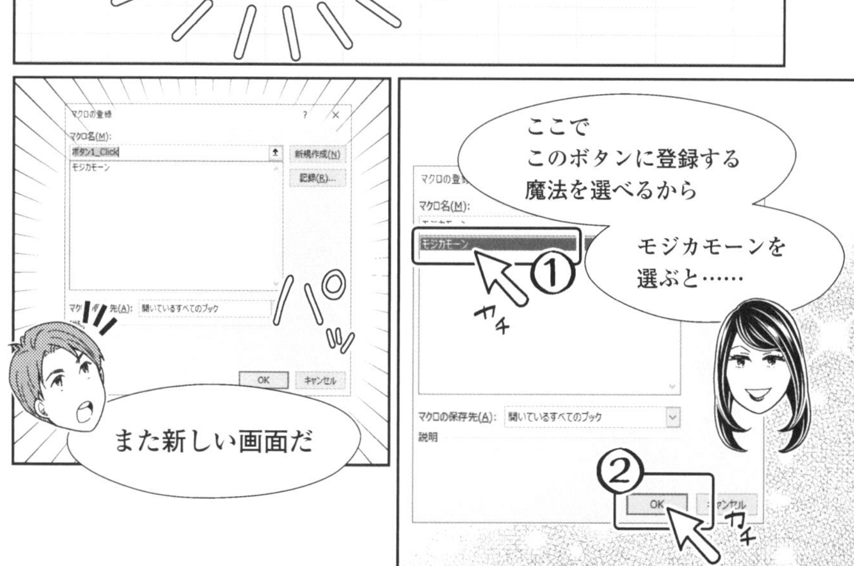

パッ
また新しい画面だ
ここで
このボタンに登録する
魔法を選べるから
モジカモーンを
選ぶと……
カチ
カチ

パッ
ボタン1
お〜出た！
ボタンの名前は
魔法名に変更しておくと
いいわね
はい
カタ
カタ
モジカモーンっと
カタ
ボタン1
これで
ベイビーちゃんの
初めての魔法は完成ね
モジカモーン
いやぁ
ちょっと感動してます
ウズ
ウズ
ウフ♡
押していいですか？
ダメ
ザーン
え？

パァッ
ンフフ♥
ウソよ
押していいわよ
よ～し!
モジカモーン！
モジカモーン
ポチ――ッ
できた――っっ
もや～ん
よっしゃ～っっ
フフ
1合目 到達～！
1合目
おっ?
1合目

マクロを作成してみよう

セルにデータを入力するマクロを作ろう

この章では、簡単なマクロの作成を通して、保存や実行、ボタンの作成など、マクロに関する一通りの操作を体験します。まずは、マクロの基本構造の紹介から始めましょう。

マクロの基本構造は下記のとおりです。**「Sub マクロ名」から「End Sub」までが1つのマクロです**。「Sub」と「マクロ名」、「End」と「Sub」の間には半角のスペースが入ります。また、アルファベットや記号はすべて半角文字です。命令文は、通常字下げして入力します。

マクロの基本構造

```
Sub マクロ名()
    命令文
End Sub
```

マクロ名には、日本語、アルファベット、数字、アンダーバー「_」を使用できます。ただし、先頭の文字には数字とアンダーバーを使えません。使えない文字を使ったときにはエラーメッセージで知らせてくれるので、あまり堅苦しく考えなくても大丈夫です。

ここでは、アクティブセルにデータを入力するマクロを2つ作成します。**「アクティブセル」とは、選択されたセルのことです**。複数のセルが選択されている場合は、その中に1つだけある色の白いセルがアクティブセルです。

1つ目のマクロのマクロ名は「数値入力」、入力するデータは「123」とします。全体のコードは次のようになります。

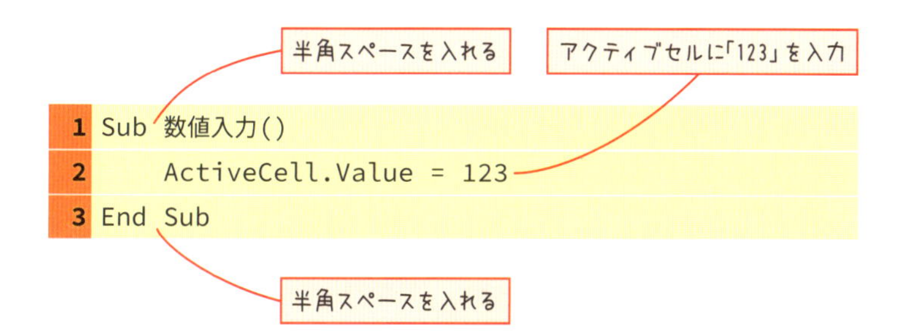

「ActiveCell.Value = 123」の**「ActiveCell」はそのまま「アクティブセル」**という意味です。**「Value」は「値」**という意味になります。「ActiveCell.Value = 123」は、直訳すると「アクティブセルの値を123にせよ」という意味の命令文です。この命令文を実行すると、アクティブセルに「123」が入力されます。

2つ目のマクロのマクロ名は「文字入力」、入力するデータは「ABC」とします。数値の場合は「123」とそのまま指定しましたが、文字列の場合は「"」（ダブルクォーテーション）で囲む決まりになっています。

アクティブセルに「ABC」を入力

```
1 Sub 文字入力()
2     ActiveCell.Value = "ABC"
3 End Sub
```

マクロの入力画面を用意しよう

それでは、操作に移りましょう。Excelを起動して新規ブックを作成し、続いてVBEを起動しましょう。**マクロは、「標準モジュール」と呼ばれる入力用のシートに入力します**。「挿入」メニューから「標準モジュール」を選択してください。

標準モジュールを挿入する

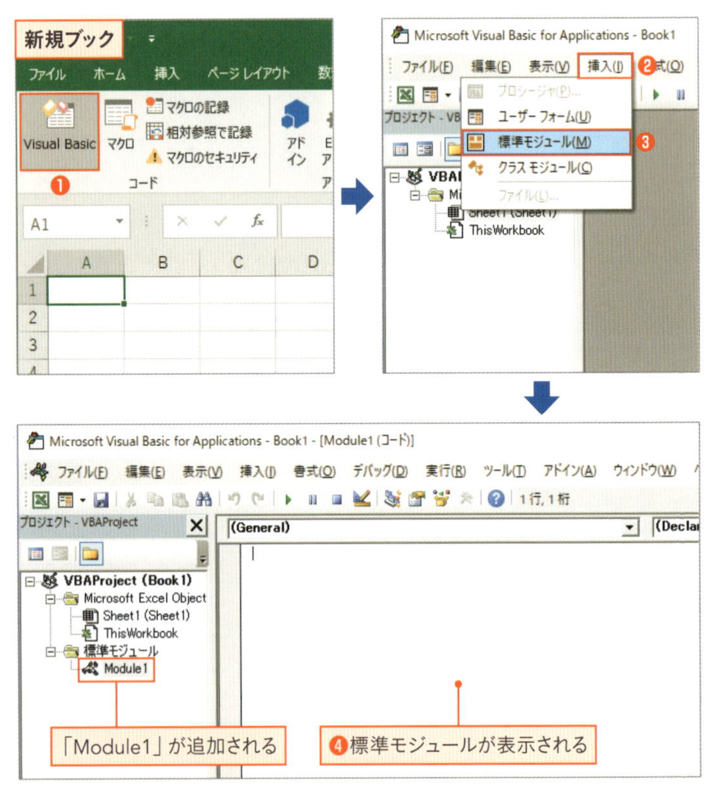

新規ブックの画面で、「開発」タブの「Visual Basic」ボタンをクリックする❶。VBEが起動するので、「挿入」タブの❷、「標準モジュール」を選択する❸。すると、コードウィンドウが開き、「標準モジュール」と呼ばれる入力用のシートが現れる❹。

コードを入力してマクロを作る

次に、いよいよ入力です。**VBEではコードの入力補助機能が充実しており**、ラクに入力できるようになっています。ただし、日本語入力モードがオンの状態だと入力補助機能がうまく働かないので、オフの状態で入力を始めてください。日本語を入力するときだけ、オンに切り替えましょう。

コードウィンドウに「sub 数値入力」と入力して「Enter」キーを押すと、**マクロの骨格が自動作成**されます。**大文字／小文字は自動で正しく変換される**ので、小文字で入力すればOKです。もし変換が行われなかった場合は、スペルミスに気付くきっかけになります。

マクロの骨格を作成する

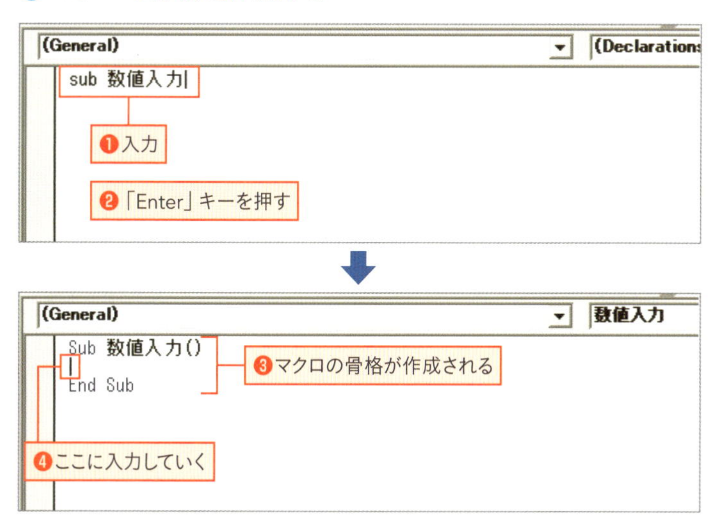

コードウィンドウに小文字で「sub 数値入力」と入力して「Enter」キーを押すと❶❷、「sub」の「s」が大文字になり、行末に「()」が入力される。1行開けて「End Sub」が追加され、マクロの骨格が完成する❸。間のカーソルがある行にコードを入力していく❹。

命令文は、通常、字下げして入力します。字下げすることで、マクロの始まりと終わりが目立ち、わかりやすくなります。入力中に**入力候補のリスト**が表示された場合は、そこから選択するだけで入力できます。なお、「"」で囲まれた中の文字は大文字／小文字の自動変換が行われないので、自分で正確に入力してくださいね。

命令文を入力してマクロを仕上げる

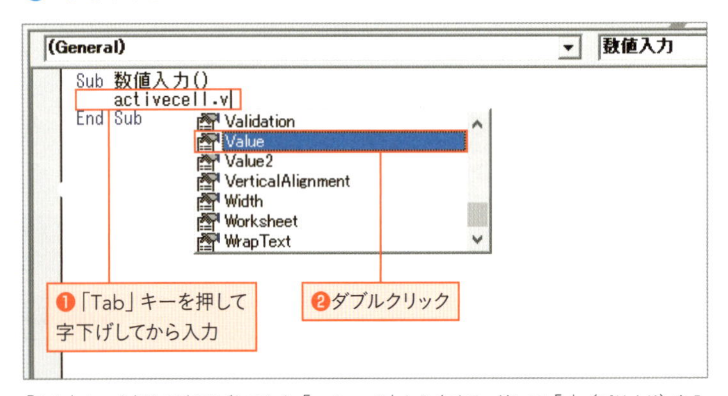

「Tab」キーを押して字下げしてから「activecell」と入力する。続いて「.」（ピリオド）を入力すると、入力候補が表示される。さらに「v」と入力すると❶、「V」で始まる入力候補が表示されるので、「Value」をダブルクリックして入力する❷。直接、キーボードから入力してもOK。

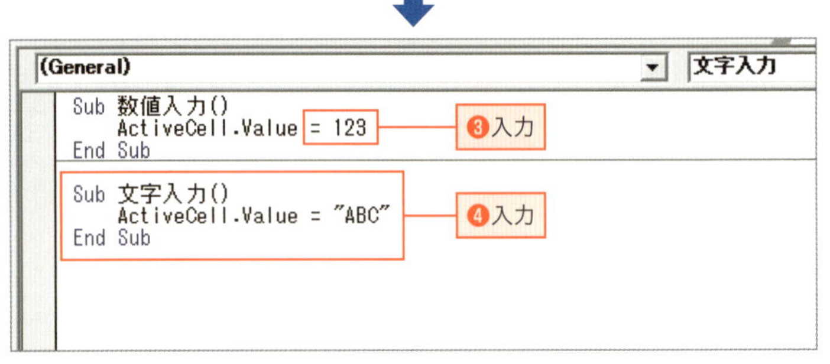

「Value」が入力されたら、「= 123」を入力する❸。ほかの行をクリックすると、「activecell」が「ActiveCell」に変わり、マクロが完成する。同様に、マクロ「文字入力」も作成する❹。

マクロの記述ルール

下記は、マクロを記述するときのルールです。いったん、作業の手を止めて、目を通しておいてください。

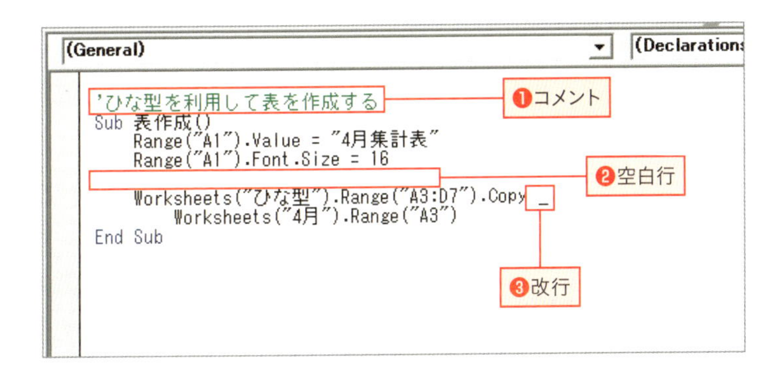

❶コメント

覚書や説明などの**「コメント」を入れたいときは、先頭に「'」(シングルクォーテーション)を付けて入力**します。コメントは、自動的に文字の色が緑で表示されます。

❷空白行

文字が詰まって見づらいときは、空白行を入れてかまいません。

❸改行

長い命令文は、複数の行に分けて入力できます。行末に半角スペース「□」と「_」(アンダーバー)を入力すると、次行が続きの命令文であると見なされます。「_」は、「Shift」キーを押しながら「ろ」のキーを押すと入力できます。**「□_」を行継続文字と呼びます**。

マクロを含むファイルを保存する

作業を再開して、56ページで作成したマクロを保存しましょう。マクロは、エクセルのファイルの中に保存されます。といっても、マクロを含むファイルは、普通に保存したときのファイル形式である「Excelブック」（拡張子「.xlsx」）には保存できません。**「Excelマクロ有効ブック」（拡張子「.xlsm」）というファイル形式で保存します**。

Excelブックと Excelマクロ有効ブックでは、ファイル名の末尾に付く拡張子やファイルアイコンが異なります。マクロウィルスへの対策として、拡張子やアイコンによってマクロを含んでいるかどうかを判別できるようになっているのですね。ちなみに**「ブック」とはエクセルのファイルのことです**。

保存操作はエクセルとVBEのどちらで行っても、エクセルの編集内容とVBEの編集内容がいっしょに保存されます。ここではVBEから保存する方法を紹介します。ファイル名や保存場所は自由に決めてください。

「マクロ有効ブック」として保存する

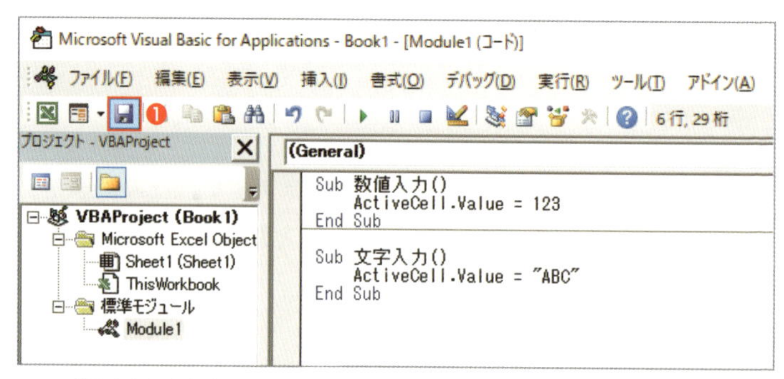

VBEで「上書き保存」ボタンをクリックする❶。

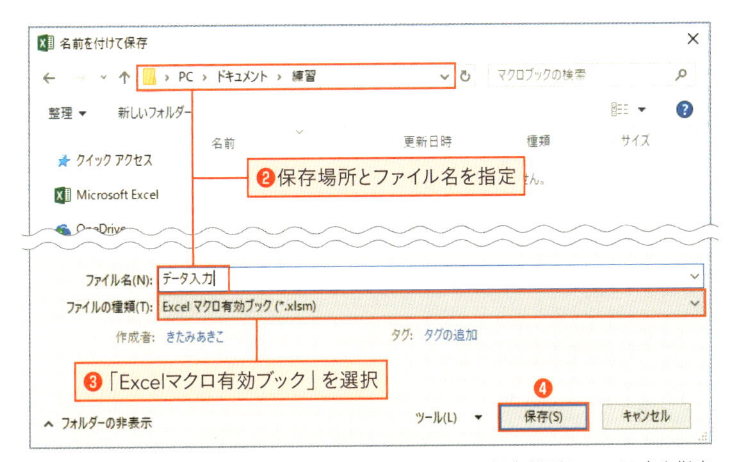

「名前を付けて保存」ダイアログボックスが表示されるので、保存場所とファイル名を指定する❷。「ファイルの種類」欄から「Excelマクロ有効ブック」を選択して❸、「保存」をクリックする❹。

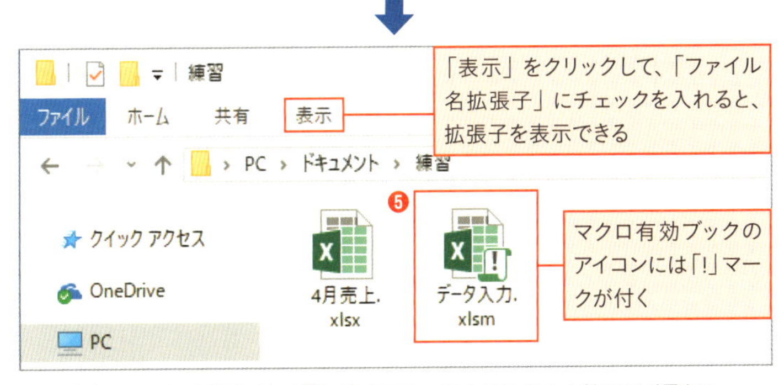

マクロを含むファイルが保存された❺。通常のファイルとはアイコンと拡張子が異なる。

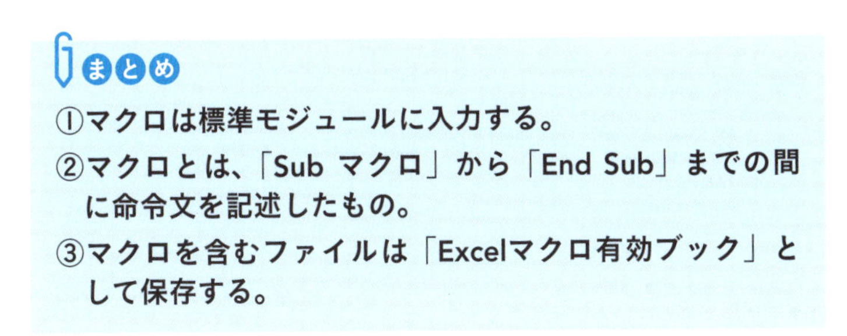

まとめ

①マクロは標準モジュールに入力する。

②マクロとは、「Sub マクロ」から「End Sub」までの間に命令文を記述したもの。

③マクロを含むファイルは「Excelマクロ有効ブック」として保存する。

マクロを実行しよう

マクロの実行は元に戻せない！

マクロの実行は、クイックアクセスツールバーの「元に戻す」ボタンでは元に戻せません。**マクロの動作に不安がある場合は、ファイルを保存してからマクロを実行しましょう**。実行がうまくいかなかった場合に、そのまま保存せずに閉じて開き直せば、ファイルをマクロ実行前の状態に戻せます。

作成段階ではVBEからの実行方法が便利

マクロの作成段階では、第1章で紹介したように、VBEの画面で「Sub／ユーザーフォームの実行」ボタンを使用して実行する方法が便利です。

VBEの画面からマクロを実行

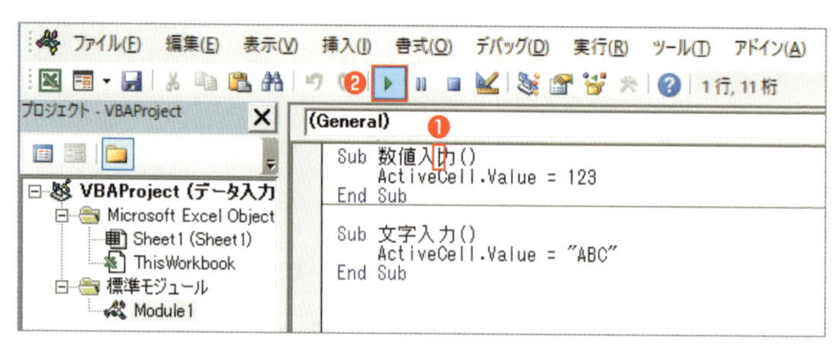

あらかじめエクセルで入力先のセルを選択しておく。マクロ名（ここでは「数値入力」）をクリックして❶、「Sub／ユーザーフォームの実行」をクリックすると❷、選択したセルに「123」が入力される。

運用段階に入ったらエクセルの画面からマクロを呼び出して実行する

マクロが完成して運用段階に入ったら、**「開発」タブの「マクロ」ボタンから実行する**方法を使うと、VBEを起動しなくてもExcelの画面から直接マクロを実行できます。

「開発」タブの「マクロ」ボタンでマクロを実行

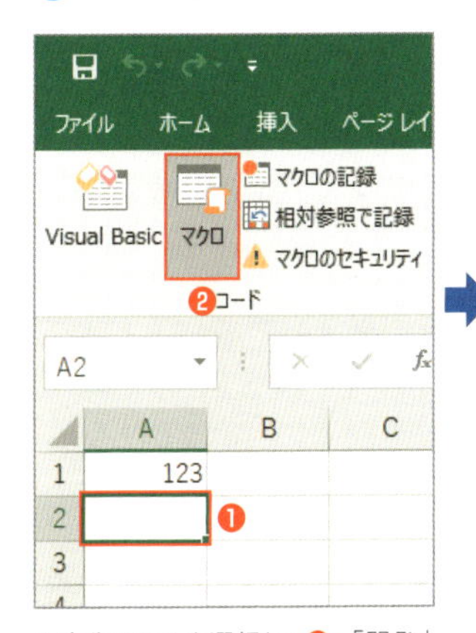

入力先のセルを選択して❶、「開発」タブの「マクロ」をクリック❷。

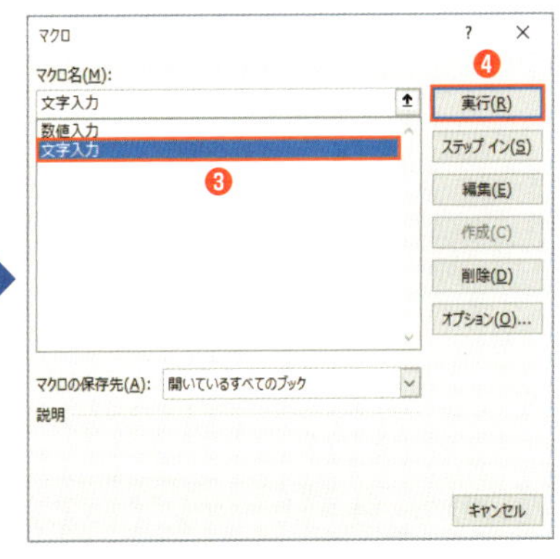

「マクロ」ダイアログボックスが開いたら、マクロの一覧から実行するマクロ（ここでは「文字入力」）を選択して❸、「実行」をクリックする❹。

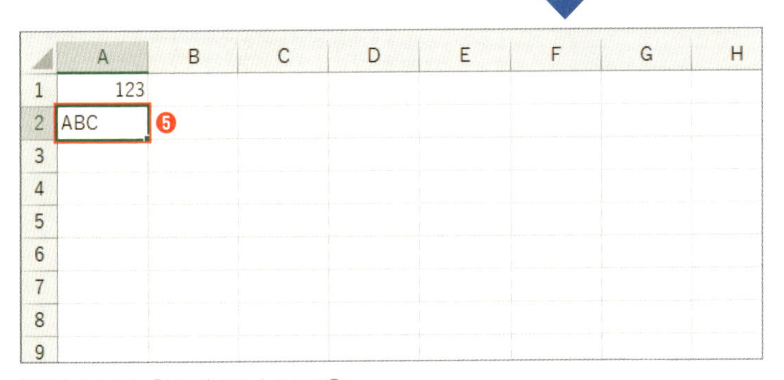

選択したセルに「ABC」が入力された❺。

マクロ実行用のボタンを作成する

マクロ実行用のボタンを用意すると、マクロを素早く実行できます。VBEや「開発」タブから実行する方法は、マクロの操作を知っている人しか使えませんが、**ボタンなら誰でも簡単に実行できる**というメリットがあります。

ボタンを作成するには、「開発」タブの「挿入」→「ボタン（フォームコントロール）」をクリックして、図形を描く要領でワークシート上をドラッグします。表示される画面でボタンに登録するマクロを選択して、ボタン上の文字を入力すれば完成です。なお、完成後にボタンの配置を調整するときなどは、「Ctrl」キーを押しながらボタンをクリックするとボタンを選択できます。

ボタンを作成して実行してみる

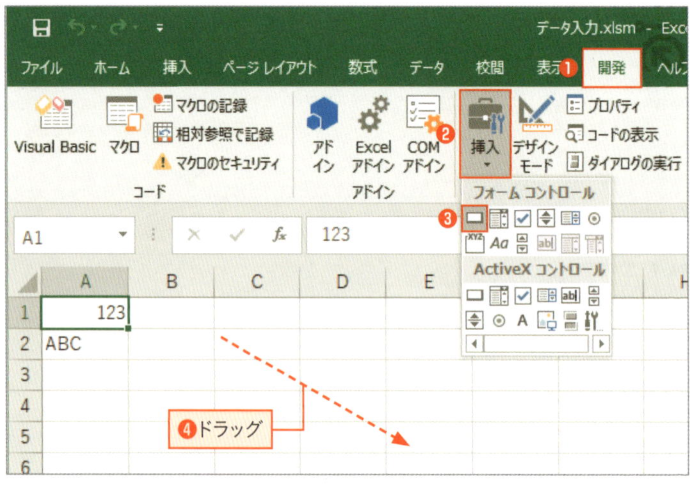

「開発」タブの❶、「挿入」❷→「ボタン（フォームコントロール）」をクリックして❸、ワークシート上をドラッグする❹。

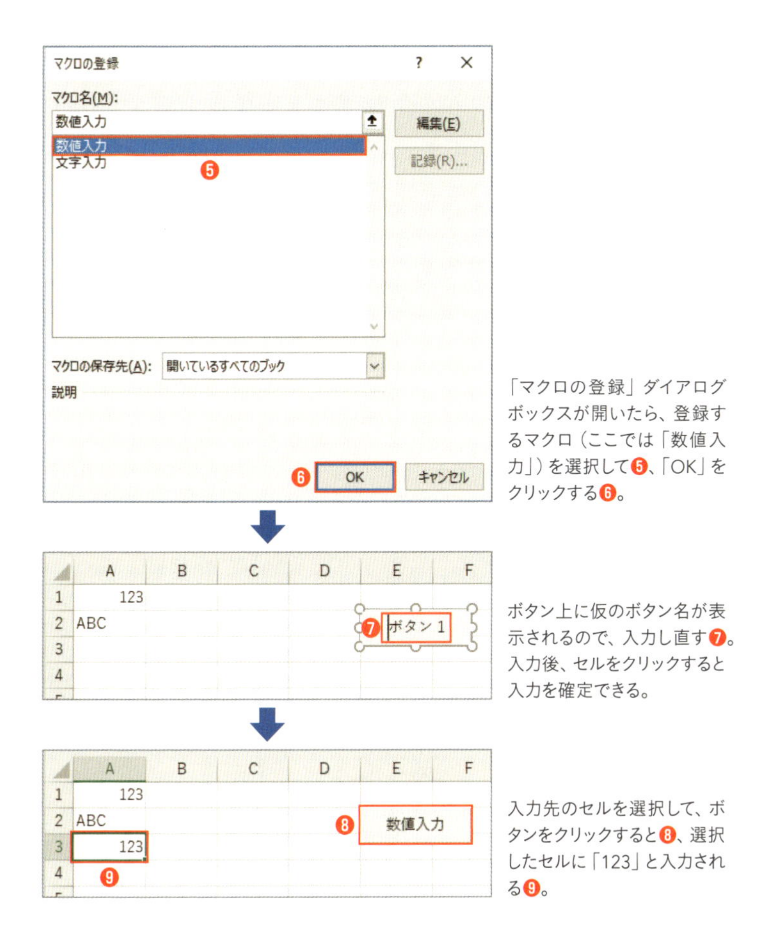

「マクロの登録」ダイアログボックスが開いたら、登録するマクロ（ここでは「数値入力」）を選択して❺、「OK」をクリックする❻。

ボタン上に仮のボタン名が表示されるので、入力し直す❼。入力後、セルをクリックすると入力を確定できる。

入力先のセルを選択して、ボタンをクリックすると❽、選択したセルに「123」と入力される❾。

エラーメッセージが表示されたときは

マクロの操作中に「コンパイルエラー」や「実行時エラー」と書かれたエラーメッセージが表示されることがあります。**コンパイルエラーは文法ミスのエラーです**。エラーメッセージが表示されたときは、VBAの単語のつづりや構文、開きカッコに対応する閉じカッコの入力漏れなど、文法のチェックを行いましょう。

実行時エラーは、コードの中で指定したワークシートが存在しない場合など、マクロの実行環境が整っていないときなどに発生するエラーです。実行時エラーはマクロの実行中に発生し、実行が中断されるので、強制終了してからエラーに対処しましょう。

実行時エラーに対処する

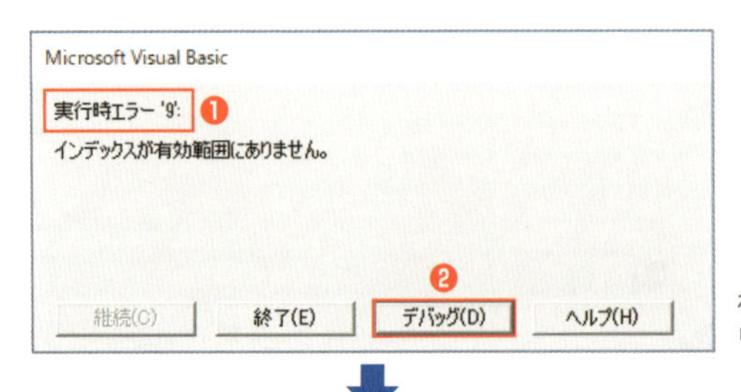

「実行時エラー」が表示されたら❶、「デバッグ」をクリックする❷。

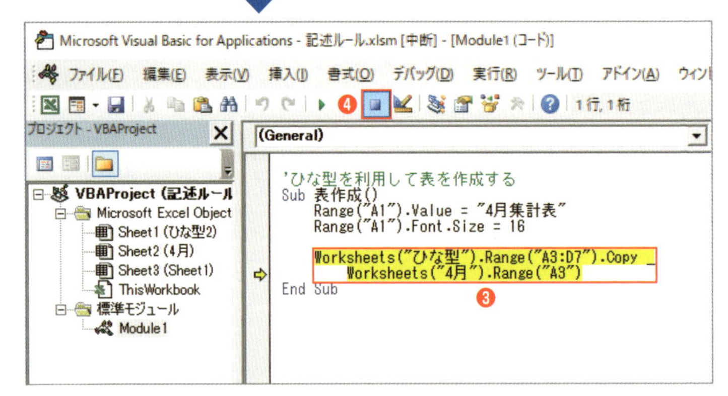

VBEが起動して、中断しているコードが黄色く反転する❸。「リセット」ボタンをクリックしてマクロを強制終了し❹、黄色いコードをヒントに原因を特定して対処する。

①マクロの実行方法は複数あり、状況に応じて使い分ける。
②エラーが発生したときは、コードや実行環境をチェックする。

第3章

最初にこれだけ知っておこう エクセルVBA攻略のカギ

Goodrinko
え〜と
VBAで
アレをこうして…
ねえねえ
金増くん
カタ
カタ
カタ
経理部の同僚
さかもとかよ
坂本香代

ひそ…
金増くんってさ
よく松山さんと
普通に話せるよね
え
どうしてですか？
だってあの人
魔女っぽくない？

実はさ　彼女の家
本物の魔女の家系
なんだって
知ってた!?
え？
まあ
たしかに……
怪しいオーラ
謎が多い
妖艶な色気
いつも黒い服

大丈夫？
何が怖いの？

マクロも
覚えられない
子は
呪いの
材料に
しましょ♥
ぐつ
ぐつ
ほっ…
本物!?
そっ…それは
怖いですね～

……
何？
……
お先に～っっ
ダッ
何を
あわてて
で　VBAの学習は
進んでる？

そ　そっちは大丈夫です
意外に簡単だったので
ほぅ
ほらコレ
買っちゃいました！
要は　英語がわかれば
呪文の意味がわかりますから
あとは自分で
勉強していきます
すんごいわかる!!
逆引きもできる！
Excel
VBA
大辞典
それはそれは
ま〜すごいっ
期待してるわね
ベイビーちゃん
任せてください！

当初は
やる気がまさっていた
金増だったが
ブツブツ
金増コレ頼める？
どっさり
あっ
はい！
Excel VBA 大辞典
金増くん
ちょっと来て～！
よし！
はい！
ふぃ～っ
終わった…
忙しい毎日が続くにつれ
ズズズ
ゴシゴシ
疲れた……
今日は無理……
すんごいわかる！！
Excel VBA 大辞典
次第に勉強は後回しに
なっていった——
Excel VBA

会議室
やっぱり
教えてください！
忙しすぎて
勉強の時間が
取れなくって…
あら
だからそんなに
かしこまってる
わけね
できると思ったんですけど
英語がだんだん重荷になって……
最初につまずく
ポイントが
その辺りなのよ
英語
ズシーン…
……わかる
気がします
イヤと
いうほど…
OK!
今日は
その辺りのケアも含めて
やっていくわよ
さぁ座って
お願い
します！

Excelの機能
VBA
フォントを設定する
Name
フォントサイズを設定する
Size
太字を設定／解除する
Bold
斜体を設定／解除する
Italic
下線を設定／解除する
Underline
セルの横方向の配置を設定する
HorizontalAlignment
セルの縦方向の配置を設定する
VerticalAlignment
セルの結合を設定／解除する
MergeCells
結合したセルを取得する
MergeArea
WrapText
表示形式を設定する
NumberFormatLocal
行の高さを設定する
RowHeight
列の幅を設定する
ColumnWidth
列幅や行高を自動調整する
AutoFit
セル、行、列を挿入する
Insert
エクセルの機能と同じように
VBAにも命令する単語が数多くあるの

この英語が大変なんですよ……
ひえ〜
ベイビーちゃんこれ全部覚えられる？
だったらどうするか？
いや　無理です
ぶんぶん

覚える必要は一切なし！
え!? いいんですか？
こんなの必要な時に本やネットで調べればいいのよ
用語辞典
VBA
Size
Insert
Merge Cells
それよりも
この単語をどう並べればいいか？
その基本ルールだけ覚えればいいの！
!!
基本ルールだけ!?
いい？
ごくっ

呪文の
基本ルールは
この２種類！
呪文の基本ルール その1
[属性魔法の呪文]
ピリオドで
つなげる
呪文の
構成
操作対象．設定項目＝設定値
意味
操作対象の設定項目○○を
設定値××に設定する
呪文の基本ルール その2
[動作魔法の呪文]
ピリオドで
つなげる
呪文の
構成
操作対象．動作
意味
操作対象に動作○○を実行する
魔法は
基本的に
どう設定するか？
どう動かすか？
どんな
属性なの？
どう
動作するの？
この
どっちかなの

操作対象
＝
オブジェクト
まずは
オブジェクト
2つだけなら
安心です
ホッ
この中にある
大事な3要素について
順に見ていくわよ

例)
モジカモーンの
場合
例えば
セル
B
1
ベイビーちゃん
2
3
4
5
この場合はセルが
オブジェクトよ
VBAでは
操る相手のことを
「オブジェクト」と言うの
ふむふむ
ボワーン
そ〜れ
オブジェクト

セル
はい
オブジェクトの種類は
色々あるけど
まずは型を覚えるために
セルだけに絞るわね

基本的なセル指定のオブジェクトの書き方は3つ！
呪文
Range("B3")
意味
セル B3 を指定
A
B
C
D
1
2
3
4
5
6
7
B3!

呪文
Range("B3:C4")
意味
セル B3 ～ C4 の範囲のセルを指定
ここから
ここまで

違うシートを指定する場合は先頭にシートを明記するのよ
呪文
Worksheets("Sheet2").Range("A1")
意味
ワークシート Sheet2 のセル A1 を指定
このシートだけを指定！
Sheet2
準備完了

さて次は
「Range（レンジ）」はセルを操作するときのオブジェクトよ
覚えてね
Range
レンジ…

呪文の基本ルール その1
[属性魔法の呪文]
呪文の構成
操作対象.設定項目=設定値
設定項目??
なんですかそれ

設定項目
=
プロパティ
設定項目を示す
プロパティ!

オブジェクトが
操る相手だとしたら
?
?
?
?
オブジェクト
な…
何者!?

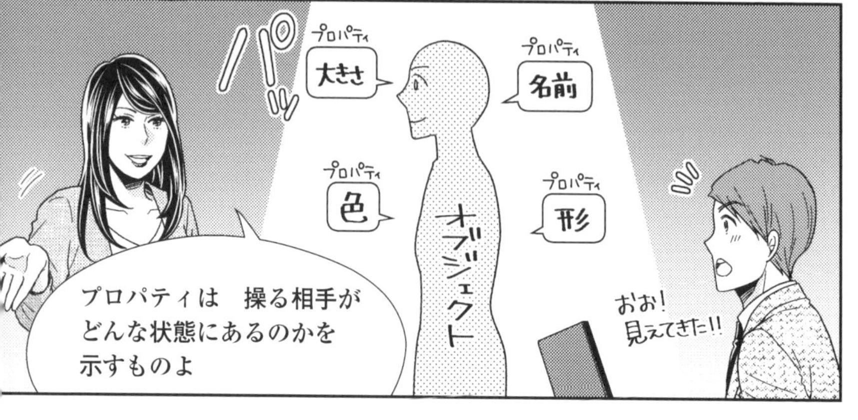

パッ
プロパティ
大きさ
プロパティ
名前
プロパティ
色
プロパティ
形
オブジェクト
プロパティは 操る相手が
どんな状態にあるのかを
示すものよ
おお!
見えてきた!!

このように
セル幅やフォントを
変える場合
A B C D
1 ベイビーちゃん
2
3
幅が広がった！
A B
1 ベイビーちゃん
2
3
太さと色が
変わった！
どう設定するか？
その設定項目が
「プロパティ」なの
なるほど

具体的に呪文で
書くと……
呪文
操作対象 設定項目
オブジェクト．プロパティ＝設定値
意味
オブジェクトのプロパティを設定値にする
つまり
こういうことね
ボワン
それ
大きさよ
変われ～
わかり
ましたっ
ボワン
赤くなれ～

例えば
A1 のセル幅を
広くしたいときは
A1
1
2
3
4
幅を広くしたい!

呪文
Range("A1").ColumnWidth=20
意味
A1 のセルを指定して
そのセルの幅を20に変える
カラムウィドゥスを使う

あ なるほど
わかった!
カラム…
カラム
ウィドゥス
ナイス発音!
カラムウィズや
カラムワイズと
読む人も
いるわ!

Range オブジェクトで
セルを指定して
ColumnWidth プロパティで
幅を変えると
セルの場所
Range
設定項目(セル幅)を示す
ColumnWidth
その通り
じゃあ
ここで問題

パ
わっ
ズバーン
問題　次の呪文を書きなさい
セル B2 に「ベイビーちゃん」を入力。
セル B3 に「まだまだね」を入力。
セル B2 の列幅を 15 にする。
セル B2 から B3 の行高を 40 にする。
全部基本型でいけるから
セルを指定して文字データを記入…
セル B2 に「ベイビーちゃん」を入力
セル B3 に「まだまだね」を入力
セルを指定してセル幅の設定を示す…
セル B2 の列幅を 15 にする
えーと行高…
セル B2 から B3 の行高を 40 にする
……ん？行高 ??
あの……習ってないプロパティありません？
フフッ

パァアアアァァァ
何だ？
よく気づいたわね
これを使いなさい
おっ また
Valueだ！
ヒント
セルの値を設定するプロパティは【Value】
行（Row）の高さ（Height）を設定する
プロパティは【RowHeight】
さあ！
ばーん
ありがとう
ございます！

バリューと
ロウハイトか……
まずはセルを
指定して……
カタ カタ

Range("B2").Value = " ベイビーちゃん "
Range("B3").Value = " まだまだね "
Range("B2").ColumnWidth = 15
カタ
カタ

Range("B2:B3").RowHeight = 40
で　最後が
行の高さを指定だから
ロウハイトで……
カタ
カタ
カタ
カタ

これでどうだ!
カチッ

① 呪文 Range("B2").Value = " ベイビーちゃん "

意味 セル B2 に「ベイビーちゃん」を入力

② 呪文 Range("B3").Value = " まだまだね "

意味 セル B3 に「まだまだね」を入力

③ 呪文 Range("B2").ColumnWidth = 15

意味 セル B2 の列幅を 15 にする

④ 呪文 Range("B2:B3").RowHeight = 40

意味 セル B2 から B3 の行高を 40 にする

次は
基本ルールその2
動作の魔法よ！
ハイ！

呪文の基本ルール その2
[動作魔法の呪文]
呪文の構成
操作対象 . 動作
意味
操作対象に動作○○を実行する
さっきは「設定」で
今度は「動作」ですか

そう
構造は一緒ね
で この「動作」のことを
VBAでは「メソッド」って言うの
メソッド……

んー
例えば　部長を
呪い消すと
するわね……
ちょちょっ
怖すぎますって！
違う例えで
お願いします！
スウッ…
なんて
オソロシイ
ことを!!

A
B
1
ベイビーちゃん
削除
2
まだまだね
3
4
A
B
1
まだまだね
移動
する!
2
3
4
え〜
そう？
じゃあ……
こんな感じに
セルを削除するって場合ね
ハイ!
よかった
こっちの方が
いい…

呪文
Range("A1").Delete
意味
セルA1を指定して
それを削除する（動作）
その動作魔法の
呪文はこう
こっちは
ピリオドの後ろが
「動作」なんですね
属性魔法は
プロパティと
設定値
でしたね
そう
A
B
C
1 ベイビーちゃん
2 まだまだね
3
4
18
19
Sheet1
Sheet2
準備完了
ハッ
こんなふうに
ちなみに　セルが
違うシートにある場合は
どうするんですか？
ボワ〜ン
B
1 ベイビーちゃん
2 まだまだね
4
5
Sheet1
Sheet2
準備完了
その場合は——

呪文

Worksheets("Sheet2").Range("A1").Delete

意味

ワークシート2のセル A1 を削除する

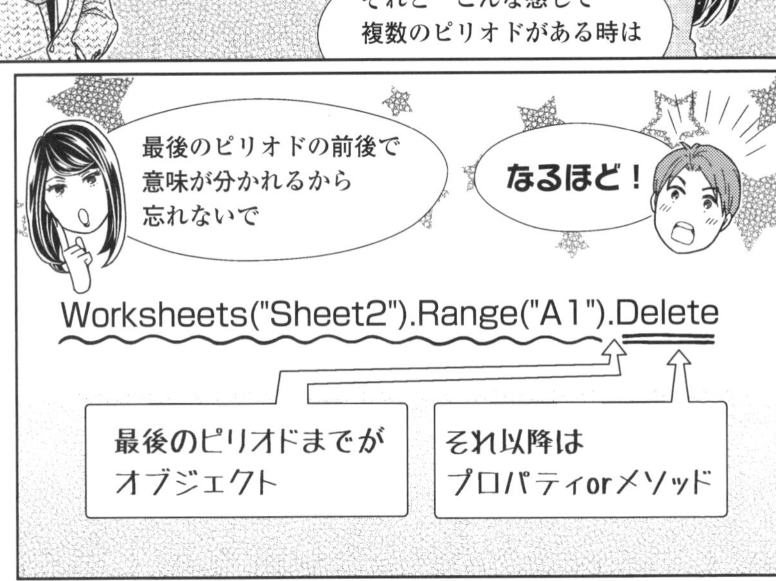

最後にもう一つ
削除するメソッドを
教えておくわ
それが「ClearContents」
クリアコンテンツ！
ん？
削除するメソッドは
「Delete」でしたよね？
クリア
コンテンツ？
フフフ…
その二つには
使い方で
違いがあるの
Delete
セルそのものを
削除する
A
1 ベイビーちゃん
2 まだまだね
3
削除
ベイビーちゃん
A
1 まだまだね
2
3
セルが
消える
ClearContents
セルの中身の
情報を削除する
A
1 ベイビーちゃん
2 まだまだね
3
削除
ベイビーちゃん
A
1
2 まだまだね
3
セルは
残る
こういうことよ
お〜
ポン
その違いですか！

だから
セル A1 の中にある情報だけを
削除する時はこう
呪文
Range("A1").ClearContents
了解です！
さあて
くる
くる
見てごらん！
もやーーっ

ドオオオン
今日教えた辺りが
魔法山攻略の
一つの山場よ
ここは集中ですね
9
8
7
6
5
4
3
2
1

ここを超えれば
山頂はぐっと
近づくから
よっと
スッ
オブジェクト・プロパティ
メソッド〜!!
おぉっ
オブジェクト
プロパティ
メソッド
この3つの言葉を
しっかり覚えなさいね!
ハイ!
頑張ります!
その調子〜
ぶん
ぶんっ
オブジェクト・プロパティ
メソッド〜!!

「オブジェクト」は操る相手

エクセルを操る呪文はたった2種類

この章からいよいよ本格的な「プログラミング」の学習に入ります。VBAの単語を並べて命令文を作成していくわけですが、金増くんがそうだったように、このVBAの単語の山に怖気づいてしまう人が多いようです。

しかし、心配は無用！　単語を丸暗記する必要はありません。VBAの単語は、ネットや書籍で割と簡単に調べられますし、つづりの記憶があやふやでも、VBEの入力補助機能を使えば正確に入力できます。

本当に必要なのは、**単語を並べる基本構文を身に付けること**。エクセルに対する命令文の構文は、実は次の2種類しかありません。

エクセルに対する命令文の構文

その1　**操作対象.設定項目　=　設定値**
その2　**操作対象.動作**

「セルに100と入力せよ」「セルの文字を削除せよ」「表をコピーせよ」「ワークシートを印刷せよ」「ブックを保存せよ」……。こうした、エクセルに対する命令文は、基本的に上記のどちらかの構文で書けるのです。

さて、これら2つの構文に共通する言葉がありますが、何でしょうか？ 「操作対象」です。命令文は、何を操作する命令なのか、その操作対象を先頭に明記するのがお約束です。VBAでは、**操作対象のことを「オブジェクト」と呼びます**。

例えば、「セルに100と入力せよ」という命令文の操作対象は「セル」ですね。とすると、セルはオブジェクトと言えます。「ワークシートを印刷せよ」の操作対象は「ワークシート」、「ブックを保存せよ」の操作対象は「ブック」です。つまり、「ワークシート」や「ブック」もオブジェクトです。

セル、ワークシート、ブック、図形、グラフ……、という具合に、エクセル上のありとあらゆるものがVBAの操作対象、すなわちオブジェクトなのです。本書では、数あるオブジェクトの中で、もっとも身近な「セル」に的を絞って解説していきます。

エクセル上の操作対象すべてが「オブジェクト」

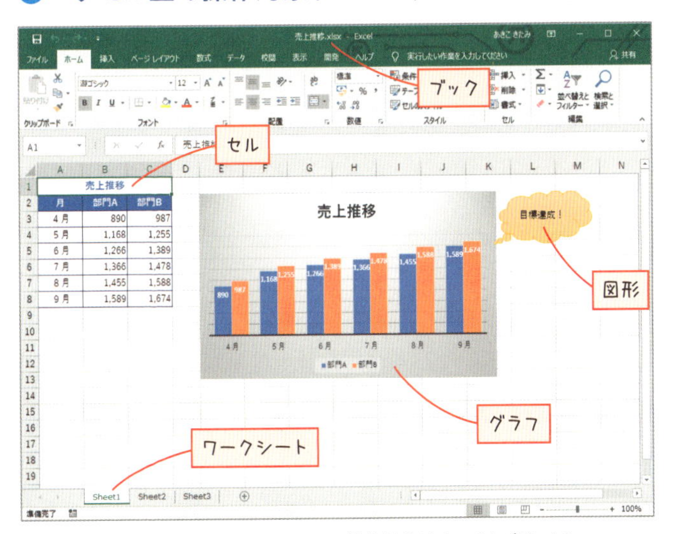

セル、ワークシート、ブックなど、エクセルの操作対象はすべてオブジェクト。

“セル”はRangeオブジェクト

VBAでは、**セルのことを「Rangeオブジェクト」と呼びます**。「Range（レンジ）」は英語で「範囲」という意味がありますから、「セル範囲」という言葉に由来するのでしょう。

操作対象のセルを指定する方法はいろいろあるのですが、まずは3通りの書き方を使えるようにしてください。1つ目は単一セルの指定方法、2つ目はセル範囲（連続する長方形の範囲）の指定方法です。

単一セルを指定

書き方 Range("A1")

意味 セルA1

セル範囲を指定

書き方 Range("C2:D3")

意味 セルC2～D3

「Range」と入力して、丸カッコの中に「セル番号」または「セル番号:セル番号」をダブルクォーテーション「"」で囲んで入力します。文字はすべて半角文字です。

3つ目は、ほかのワークシートのセルの指定方法です。1つ目と2つ目は、最前面のワークシートのセルやセル範囲を指定する方法です。目の前にあるので、特にワークシートの指定はいりません。それに対して3つ目は、ほかのどのワークシートのセルなのか、ワークシートの指定が必要です。

ほかのワークシートのセルを指定

書き方

```
Worksheets("Sheet2").Range("C2")
```

意味 「Sheet2」シートのセルC2

「Worksheets("シート名")」に続けて「.」（ピリオド）を入力し、そのあとにセルを指定します。「C2」の部分に「C2:D3」のようなセル範囲を指定してもかまいません。「Worksheets」は末尾に「s」が付く複数形なので、注意してくださいね。複数のワークシートの中の「Sheet2」、といった意味合いになります。

最初に攻略すべきセルの指定方法

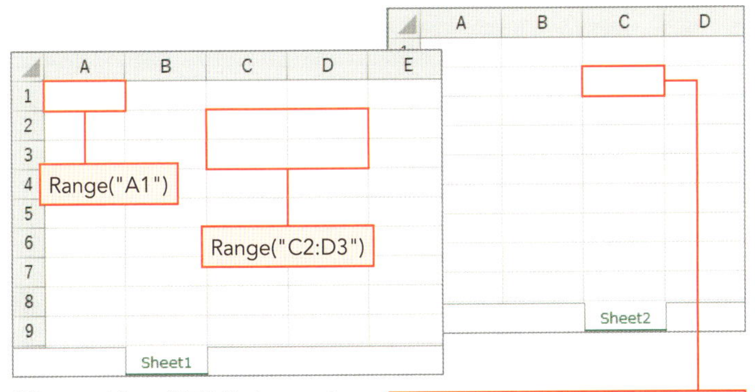

「単一セル」「セル範囲」「ほかのワークシートのセル」の書き方。

まとめ

①エクセルを操作する命令文の構文は2種類。
②VBAでは、操作対象を「オブジェクト」と呼ぶ。
③VBAでは、セルをRangeオブジェクトと呼ぶ。

「プロパティ」はオブジェクトの状態

「プロパティの設定」構文でオブジェクトの状態を変える

90ページで紹介したエクセルに対する2種類の命令文のうち、「構文その1」を詳しく見ていきましょう。この構文は、「操作対象の設定項目○○を設定値××にする」という意味を持ちます。**「設定項目」とは、操作対象の属性や性質、状態のことです**。

エクセルに対する命令文の構文その1

構文 操作対象.設定項目 ＝ 設定値

意味 操作対象の設定項目○○を設定値××にする

「操作対象」は「オブジェクト」でしたね。セルというオブジェクト（Rangeオブジェクト）であれば、**セルの値、セルの幅、セルの高さなどが設定項目にあたります**。「セルの値」は、第2章で使用した「Value」のことです。

それでは、セルA1の値を「123」にする命令文を、構文その1に当てはめて書いてみましょう。難しく考えることはありません。「操作対象」に「Range("A1")」、「設定項目」に「Value」、「設定値」に「123」を当てはめればいいだけです。「操作対象」と「設定項目」の間の「.」（ピリオド）を忘れないでくださいね。それから、文字はすべて半角文字です。

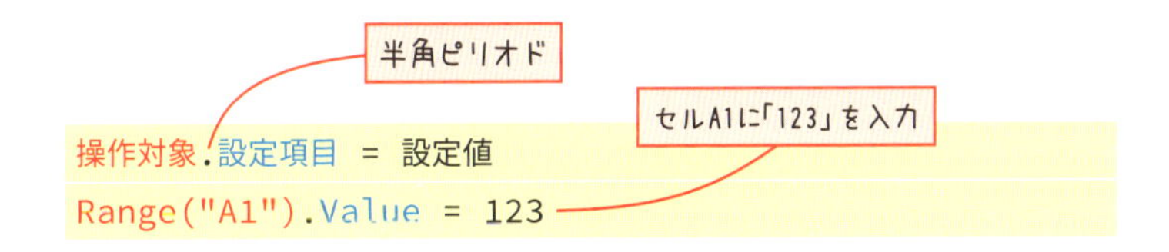

「セルの幅」はVBAでは「**ColumnWidth**」、「セルの高さ」は「**RowHeight**」と言います。いずれも「Column（列）」＋「Width（幅）」、「Row（行）」＋「Height（高さ）」という英単語の組み合わせです。

それでは、セルA1の値を「スケジュール表」、幅を「20」、高さを「42」にする命令文を書いてください。先ほどと同じように、構文その1に当てはめるだけです。「スケジュール表」は文字列なので、「"」（ダブルクォーテーション）で囲んでください。

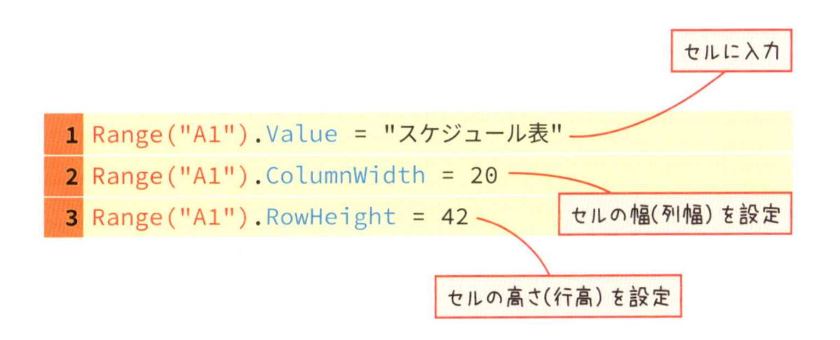

コードの実行結果

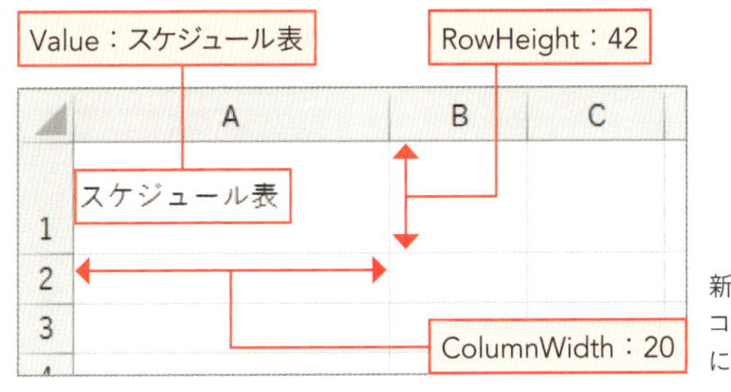

新しいワークシートで上のコードを実行すると、左図にようになる。

セルの幅や高さの設定値は、列幅や行高をドラッグで変更するときにポップヒントに表示される数値です。コードを書くときは、事前に実際に列幅や行高を変更して、ポップヒントを見て設定値を調べるとよいでしょう。なお、整数の設定値を指定しても、エクセル側の単位換算の影響により、実際に設定される列幅や行高に端数が付く場合があります。

セルの幅とセルの高さの設定値

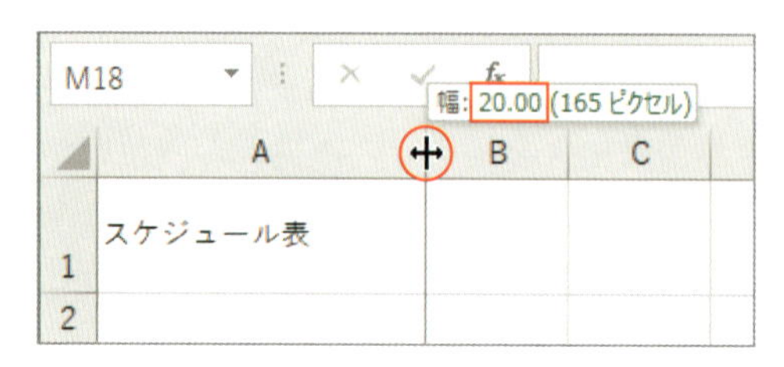

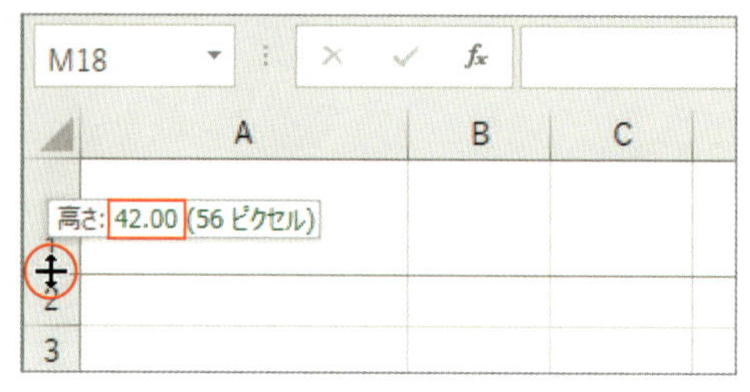

セルの幅や高さの設定値は、ポップヒントの値を見て決めればよい。

次に、「Sheet2」シートのセルA1に「123」と入力するコードを考えてみましょう。「Sheet2」シートのセルA1の書き方は、93ページを参考にしてください。

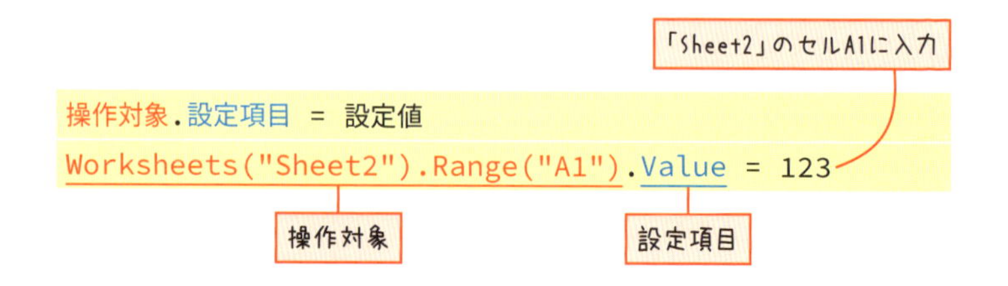

構文その1には「.」（ピリオド）が1つしか含まれませんが、VBAの実際のコードには複数の「.」が含まれる場合があります。その場合、**最後の「.」までが「操作対象」、最後の「.」以降が設定項目**と考えてください。上記のコードでは、「Worksheets("Sheet2").Range("A1")」が操作対象で、「Value」が設定項目です。

このコードを実行すると、「Sheet2」シートのセルA1に「123」が入力されます。単に「Range("A1").Value = 123」と書いた場合は、最前面に表示されているワークシートのセルA1が入力の対象ですが、先頭に「Worksheets("Sheet2").」と付けた場合は、「Sheet2」シートが最前面にあろうとなかろうと、必ず「Sheet2」シートのセルA1に入力されます。

構文その1の「操作対象」はVBA流に言うと「オブジェクト」でしたが、**「設定項目」はVBAでは「プロパティ」と呼ばれます**。「Value」はValueプロパティ、「ColumnWidth」はColumnWidthプロパティ、「RowHeight」はRowHeightプロパティです。構文その1は、VBA流に書くと次のようになります。

エクセルに対する命令文の構文その1（プロパティの設定）

構文 **オブジェクト.プロパティ　=　設定値**

意味 オブジェクトの○○プロパティに××を設定する

耳慣れない言葉のオンパレードになりますが、今後、ネットや書籍などでVBAの単語を調べるときに必ず出てくる言葉なので覚えておいてくださいね。

プロパティの2つの役割「設定」と「取得」

オブジェクトのプロパティを設定すると、オブジェクトの状態が変わります。RangeオブジェクトのValueプロパティを設定するとセルの値が変わり、ColumnWidthプロパティを設定するとセルの幅（列幅）が変わるという具合です。

このように、「プロパティの設定」はプロパティの大きな役割ですが、もう1つ同じくらい重要な役割があります。それが**オブジェクトの現在の状態を調べる「プロパティの取得」という役割です**。取得の構文は至って簡単。「オブジェクト.プロパティ」と書くだけです。

プロパティの取得

構文 オブジェクト.プロパティ

意味 オブジェクトのプロパティを取得

たとえば、「Range("A1").Value」と書くと、セルA1の値を取得できます。また、「Range("A1").ColumnWidth」と書くと、セルA1の列幅を取得できます。

ただし、プロパティを取得するだけでは命令文になりません。「オブジェクト.プロパティ」を1つの値として、命令文に組み込んだり、計算に使用することになります。セルA1の値が「スケジュール表」、列幅が「20」の場合、「Range("A1").Value」は「スケジュール表」、「Range("A1").ColumnWidth」は「20」という値としてコードの中で使用できるというわけです。

次のコードを見てください。このコードを実行するとどうなるか、考えてみましょう。

```
1 操作対象.設定項目 = 設定値
2 Range("C1").Value = Range("A1").Value        ❶
3 Range("C1").ColumnWidth = Range("A1").ColumnWidth + 10        ❷
```

❶のコードでは、セルC1のValueプロパティに「Range ("A1").Value」を設定しています。「Range("A1").Value」はセルA1の値「スケジュール表」のことですから、❶のコードを実行すると、セルC1に「スケジュール表」が入力されます。

また、❷のコードでは、セルC1のColumnWidthプロパティに「Range("A1").ColumnWidth + 10」を設定しています。「Range("A1").ColumnWidth」はセルA1の列幅「20」のことですから、❷のコードを実行すると、セルC1の列幅が「30」に変わります。

コードの実行結果

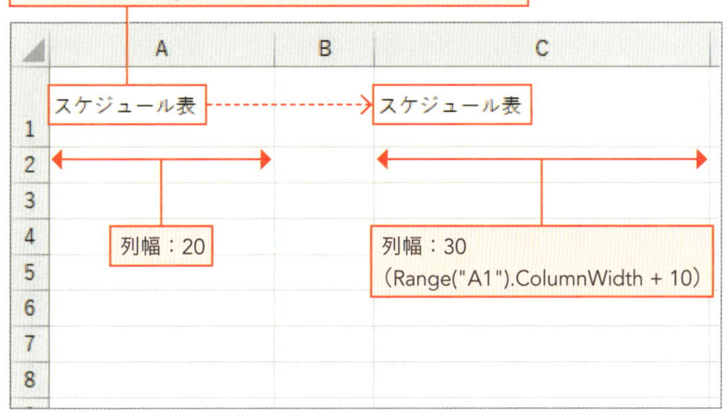

セルA1の値がセルC1に入力される。また、セルC1の列幅がセルA1の列幅より「10」だけ大きくなる。

セルのプロパティのグループ分け

セル（Rangeオブジェクト）を設定するプロパティには、どんな種類があるでしょうか。

値、列幅、行高、フォント、フォントサイズ、太字、フォントの色、塗りつぶしの色、……

これらのプロパティは、実際には下図のようにグループ分けされています。「値」はセルの直接のプロパティ、「フォント」や「太字」は「セル→フォント」のプロパティ、「塗りつぶしの色」は「セル→塗りつぶし」のプロパティという具合に階層を付けて、プロパティを整理しているのですね。

図中の「Value」「ColumnWidth」「RowHeight」「Name」「Size」「Bold」「ColorIndex」はプロパティ名です。

▶ セルのプロパティのグループ分け

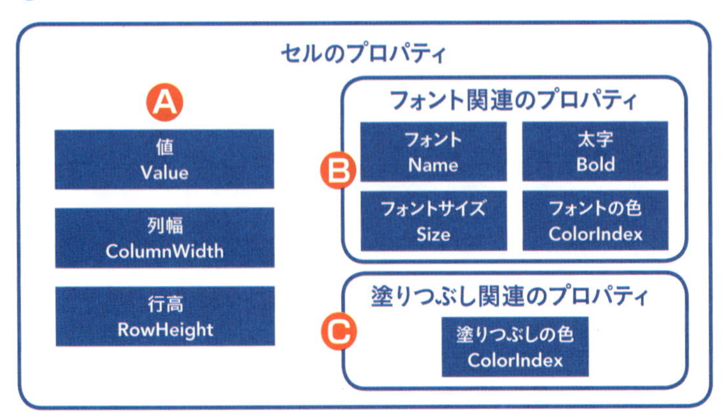

Aグループに含まれるプロパティは、セルの直接のプロパティです。「RangeオブジェクトのValueプロパティ」「RangeオブジェクトのColumnWidthプロパティ」などと表現します。

Rangeオブジェクトのプロパティの設定

構文 Rangeオブジェクト.プロパティ　＝　設定値

Aグループのプロパティは Rangeオブジェクトのプロパティなので、プロパティの前に必ずRangeオブジェクトを付けます。

次のコードは、それぞれ「セルA3」「セルB3～C4」「Sheet2シートのセルA2」「アクティブセル」というRangeオブジェクトが操作対象になっています。

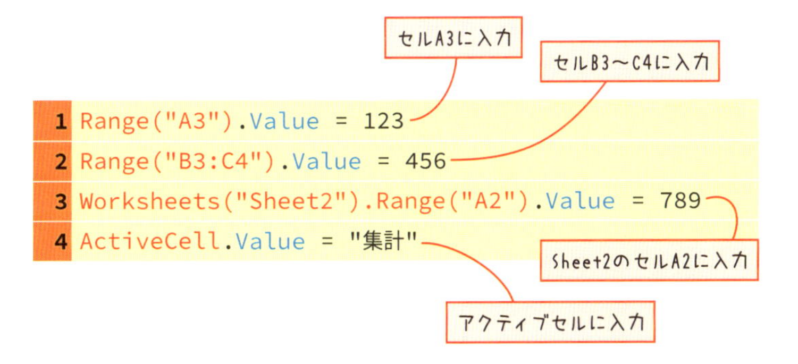


```
1 Range("A3").Value = 123
2 Range("B3:C4").Value = 456
3 Worksheets("Sheet2").Range("A2").Value = 789
4 ActiveCell.Value = "集計"
```

「Worksheets("Sheet2").Range("A2")」には「Worksheets」という単語が入っていますが、全体としてはRangeオブジェクトです。これは、「東京都千代田区」が「東京都」ではなく「千代田区」を指すのと同じことです。

また、「ActiveCell」という単語には「Range」という語が含まれませんが、アクティブセルというセルを表す単語なので、「Rangeオブジェクト」と言えます。

次に、Bグループのプロパティを見ていきましょう。このグループは、「セル→フォント」という階層にあります。このグループに含まれるプロパティは、次の構文で設定します。

フォント関連のプロパティの設定

構文 **Rangeオブジェクト.Font.プロパティ = 設定値**

「Rangeオブジェクト.Font」の部分は「**Fontオブジェクト**」というオブジェクトです。「Worksheets("Sheet2").Range("A2")」をRangeオブジェクトと呼ぶのと同じですね。

Fontオブジェクトは、セルのフォント関連の書式を設定するためのオブジェクトです。セルやワークシートのような実体の見えるオブジェクトではありませんが、**フォントサイズや太字などの設定を行うときの操作対象になるので、VBAではフォントをオブジェクトとして扱います**。

Bグループに含まれる

- **Name**プロパティ（フォント）
- **Size**プロパティ（フォントサイズ）
- **Bold**プロパティ（太字）
- **ColorIndex**プロパティ（フォントの色）

は、Fontオブジェクトのプロパティということになります。

実際に使用してみましょう。次のコードを見てください。セルA1にフォント、フォントサイズ、太字を設定しています。Boldプロパティに設定している「True」は、「Yes」の意味を持つ値です。Boldプロパティに「True」を設定すると太字になり、反対に「No」を意味する「False」を設定すると太字が解除されます。

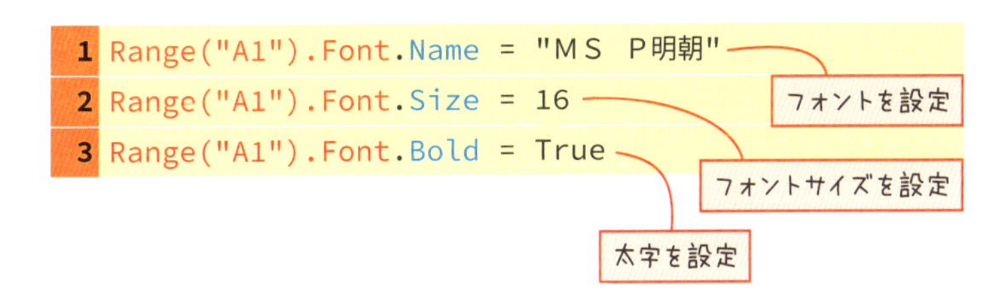

コードの実行結果

セルA1に「MS P明朝」のフォント、16ポイントのフォントサイズ、太字が設定される。

なお、Nameプロパティに設定するフォント名は、全角/半角やスペースの有無などを正確に入力する必要があります。実際に空いたセルにフォント設定してみて、「ホーム」タブの「フォント」欄に表示される文字列をコピーするとよいでしょう。

フォント名を正確に入力する技

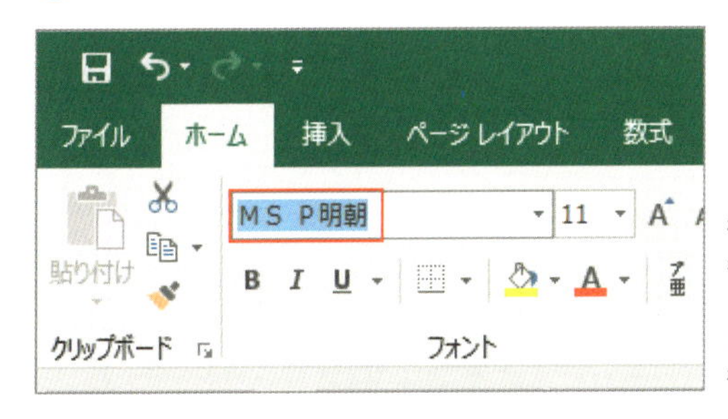

「フォント」欄でフォント名を選択し、「Ctrl」+「C」キーを押してコピーする。「Ctrl」+「V」キーでコードに貼り付けると、フォントを正確に入力できる。

最後は、Cグループのプロパティです。このグループは「セル→塗りつぶし」という階層にあります。このグループに含まれるプロパティは、次の構文で設定を行います。

塗りつぶし関連のプロパティの設定

構文 Rangeオブジェクト.Interior.プロパティ = 設定値

「Rangeオブジェクト.Interior」は、「**Interiorオブジェクト**」というオブジェクトです。塗りつぶしの色など、まさにセルの「インテリア」を設定するのにふさわしいオブジェクト名ですね。

セルの塗りつぶしの色を設定するInteriorオブジェクトの**ColorIndex**プロパティには、1～56の範囲のインデックス番号（次ページ参照）で色を指定します。

Fontオブジェクトも ColorIndexプロパティを持っており、同様にインデックス番号で色を指定できます。

コードの実行結果

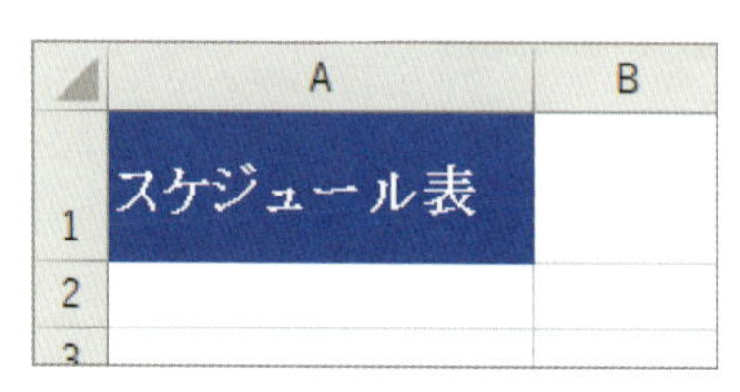

セルA1の塗りつぶしの色が青、フォントの色が白になる。

エクセルの標準の設定では、インデックス番号と色の対応は下図のようになります。

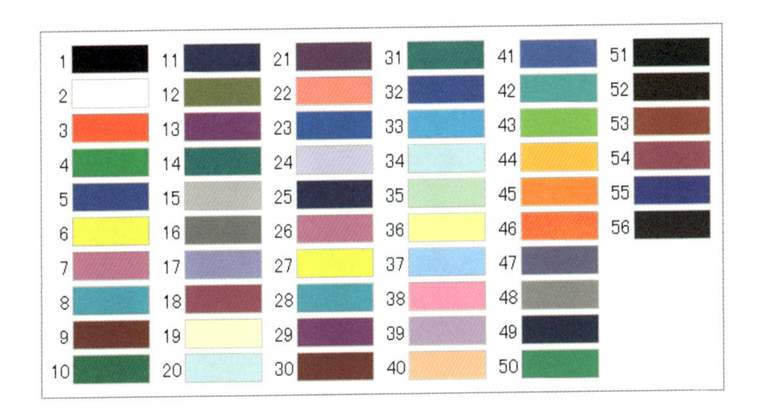

塗りつぶしの色を解除するには、ColorIndexプロパティに「xlNone」を設定して、「Range("A1").Interior.ColorIndex = xlNone」のように記述します。

なお、本書では扱いませんが、色を設定するプロパティはほかにも複数あるので、ネットや書籍で調べてみてください。

まとめ

①VBAでは、オブジェクトの属性や性質、状態を「プロパティ」と呼ぶ。

②プロパティの役割は「設定」と「取得」。

③セルの設定に使用するオブジェクトは、Rangeオブジェクトのほかに、FontオブジェクトとInteriorオブジェクトがある。

「メソッド」はオブジェクトの動作

オブジェクトの動作を実行する

90ページで紹介したエクセルに対する2種類の命令文のうち、「構文その2」は「操作対象の動作○○を実行する」という意味を持ちます。

エクセルに対する命令文の構文その2

構文 操作対象.動作

意味 操作対象の動作○○を実行する

操作対象がセルの場合、選択する、消去する、移動する、コピーする、などが動作にあたります。VBAでは、**操作対象（オブジェクト）の動作のことを「メソッド」と呼びます**。構文その2をVBAの正式な用語で書き換えると、次のようになります。

エクセルに対する命令文の構文その2

構文 オブジェクト.メソッド

意味 オブジェクトの○○メソッドを実行する

たとえば、セルA1～C4を選択するには、「オブジェクト」の部分に「Range("A1:C4")」を、「メソッド」の部分にセル選択のメソッドである「**Select**」を当てはめます。

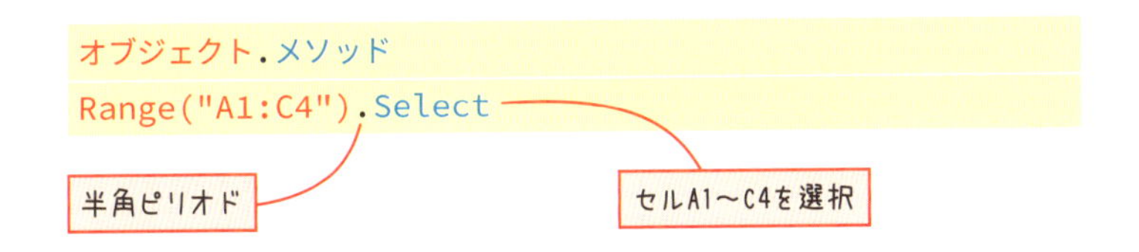

コードの実行結果

	A	B	C	D
1	VBA	VBA	VBA	
2	VBA	VBA	VBA	
3	VBA	VBA	VBA	
4	VBA	VBA	VBA	

セルA1～C4が選択される。

次のコードでは、セルのデータを消去するClearContentsメソッド、セルの書式を消去するClearFormatsメソッド、セルのデータと書式を消去するClearメソッドを使用しています。いずれも、構文に当てはめるだけなので簡単です。

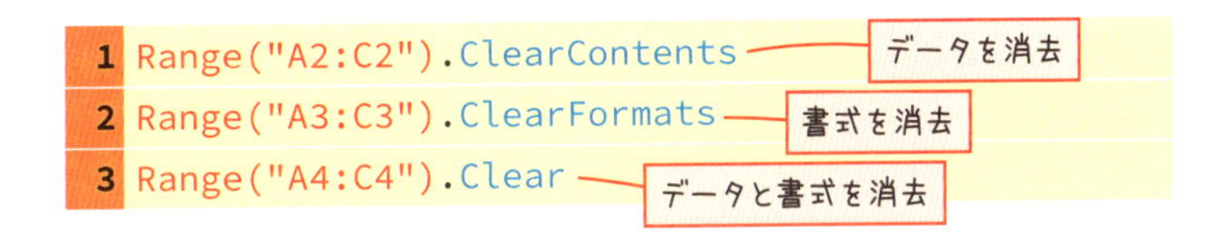

コードの実行結果

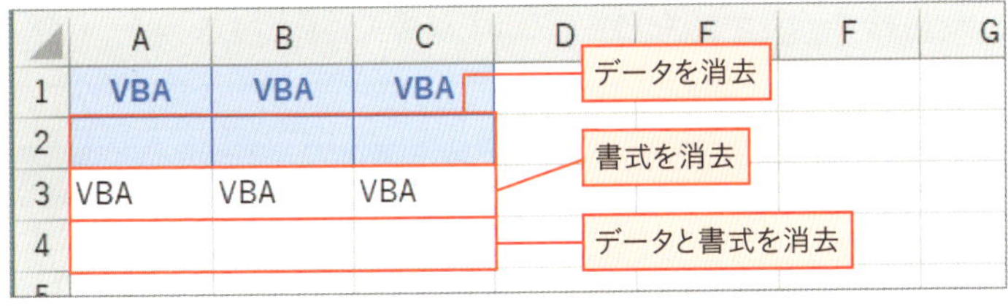

セルA2～C2からデータが消去され、セルA3～C3から書式が消去され、セルA4～C4からデータと書式が消去される。

動作の条件を引数で指定する

メソッドによっては、動作の実行条件の指定が必要なものがあります。「移動する」というメソッドであれば移動先のセル、「コピーする」というメソッドであればコピー先のセルが動作の条件です。

メソッドの実行条件のことを引数（ひきすう）と呼びます。引数の数や種類は、メソッドによって異なります。

引数を指定するときは、メソッドと引数の間に半角のスペースを入れます。引数が複数ある場合は、「,」（カンマ）で区切って指定します。

エクセルに対する命令文の構文その2（引数指定）

構文　オブジェクト.メソッド 引数1, 引数2, …

具体例を見ていきましょう。セルの移動に使うCutメソッドとコピーに使うCopyメソッドは、それぞれ移動先／コピー先を指定するための引数を持ちます。

RangeオブジェクトのCutメソッド

構文　Rangeオブジェクト.Cut 移動先

意味　Rangeオブジェクトのセルを移動先に移動する

RangeオブジェクトのCopyメソッド

構文　Rangeオブジェクト.Copy コピー先

意味　Rangeオブジェクトのセルをコピー先にコピーする

移動／コピーするセルはメソッドの前に付けるRangeオブジェクトで指定します。また、移動／コピー先は、先頭のセルを表すRangeオブジェクトで指定します。

次のコードを見てください。このコードを実行すると、セルA1がセルC1に移動され、セルA3 〜 B5がセルD3にコピーされます。

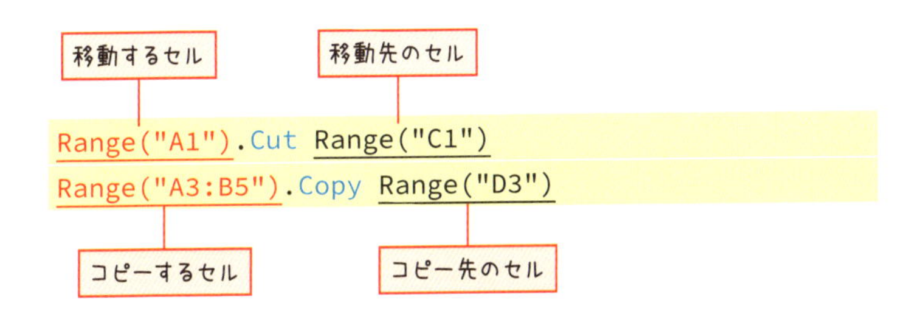

コードの実行結果

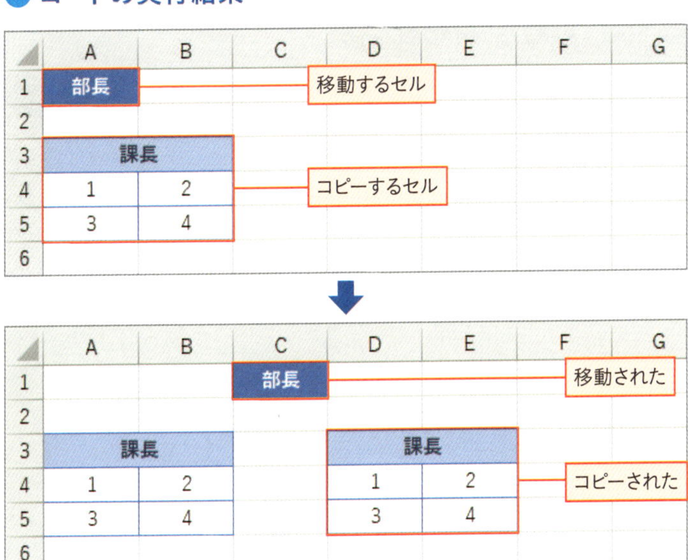

セルA1がセルC1に移動され、セルA3〜B5がセルD3にコピーされる。

引数を持つメソッドをもう1つ紹介します。セルを削除するときに使用する**Delete**メソッドです。

107ページで紹介したClearメソッドは、セルのデータや書式を削除して、セルを初期状態に戻す働きをします。それに対してDeleteメソッドは、セルそのものを削除します。その際、隣接するセルがずれて、削除した位置を埋めます。セルを埋める方向は、引数で指定します。

引数「移動方向」の設定値

設定値	説明
xlShiftUp	上にずらす
xlShiftToLeft	左にずらす

次のコードを見てください。このコードを実行すると、セルD4～E4が削除され、その下にあるセルが上にずれます。

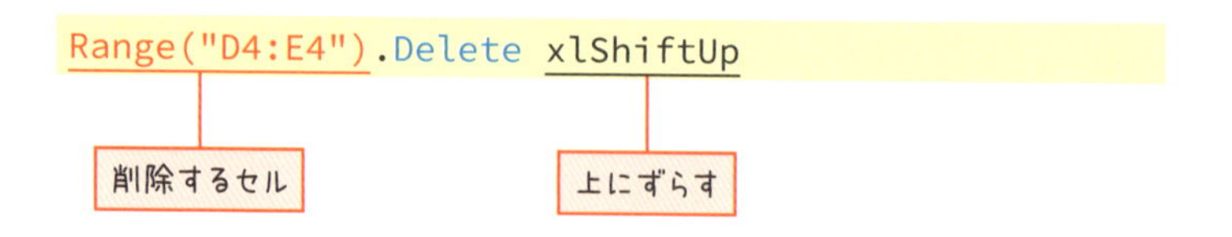

コードの実行結果

	A	B	C	D	E	F	G	H
1	スタッフ名簿			アルバイト名簿				
2	氏名	部署		氏名	年齢			
3	飯島	1課		片岡	22			
4	佐々岡	1課		栗原	21			
5	牧野	2課		野村	20			
6				杉下	20			
7								
8								
9								

このセルを削除する

	A	B	C	D	E	F	G	H
1	スタッフ名簿			アルバイト名簿				
2	氏名	部署		氏名	年齢			
3	飯島	1課		片岡	22			
4	佐々岡	1課		野村	20			
5	牧野	2課		杉下	20			
6								
7								
8								
9								

下にあったセルが上にずれた

セルD4～E4が削除され、その下にあるセルが上にずれる。

なお、Deleteメソッドの引数は省略可能です。引数を省略して「Range("D4:E4").Delete」と書くと、ずれる方向はExcelが自動で判断します。

①VBAでは、オブジェクトの動作を「メソッド」と呼ぶ。
②メソッドの実行条件は、引数で指定する。

マクロを作ろう
～プロパティとメソッド～

こんなマクロを作ろう

　この章で紹介したプロパティとメソッドを利用して、マクロを作成しましょう。サンプルファイル「練習_3-1.xlsm」を開いて、次の処理を行うコードを入力してください。

処理の目的

既存の表を元に新しい表を作成する。

処理の流れ

・セルD1に「支店別売上表」と入力し、太字を設定する。
・セルA2 ～ B6をセルD2にコピーする。
・セルD2に「支店名」と入力する。
・セルD3 ～ E5のデータを消去する。
・セルE2の列幅をセルB2の列幅と同じにする。

表をコピーして再利用する

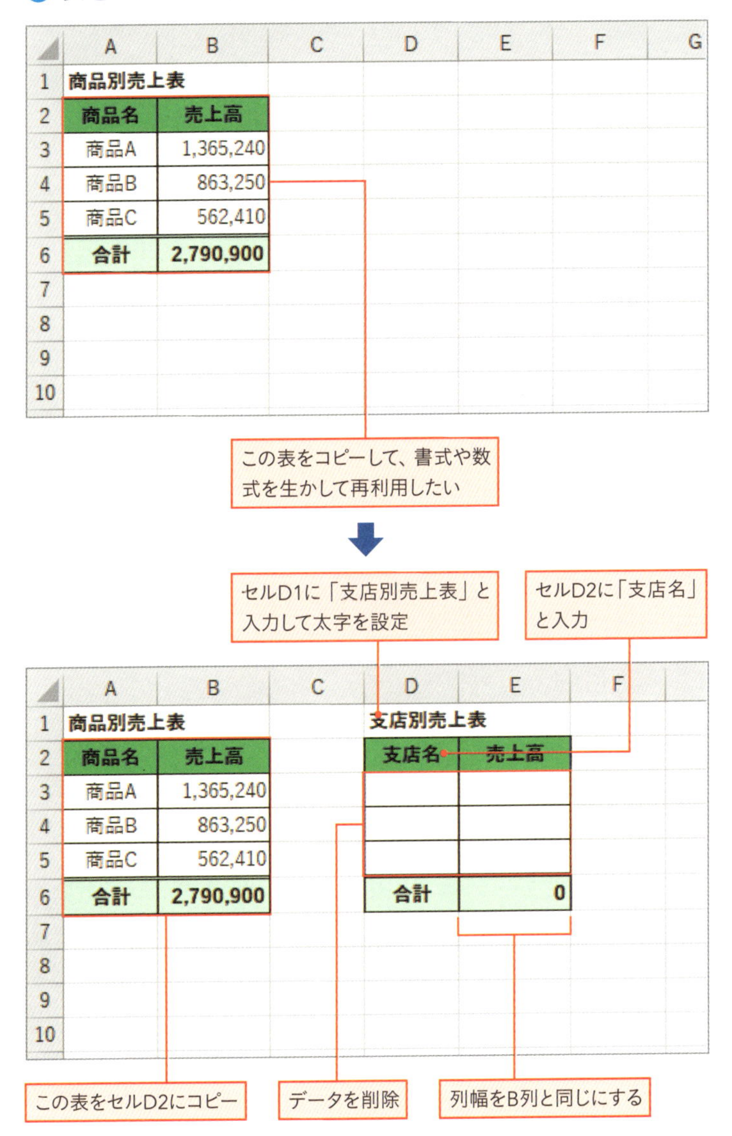

商品別売上表をコピーして、支店別売上表の枠組みを作成する。

コードを入力してマクロを作成する

サンプルファイルを開いて、コードを入力しましょう。入力し終えたら、マクロを実行して実行結果を確認してください。

```
1 Sub 表作成()
2     Range("D1").Value = "支店別売上表"
3     Range("D1").Font.Bold = True
4     Range("A2:B6").Copy Range("D2")
5     Range("D2").Value = "支店名"
6     Range("D3:E5").ClearContents
7     Range("E2").ColumnWidth = Range("B2").ColumnWidth
8 End Sub
```

1 「表作成」マクロの開始。
2 セルD1に「支店別売上表」と入力する。
3 セルD1に太字を設定する。
4 セルA2 ～ B6をセルD2にコピーする。
5 セルD2に「支店名」と入力する。
6 セルD3 ～ E5のデータを消去する。
7 セルE2の列幅にセルB2の列幅を設定する。
8 マクロの終了。

いかがでしたか？ 3章で紹介したプロパティやメソッドで、いろいろできることがわかったのではないでしょうか。適切な場所に「Worksheets("シート名").」を付ければ、ほかのワークシートに表を作成することもできるので、ぜひ試してください。

プロパティ・メソッドのまとめ

この章に出てきたプロパティとメソッドをまとめます。自分でマクロを作成するときの参考にしてください。

プロパティの設定	説明
Rangeオブジェクト.Value = データ	セルの値
Rangeオブジェクト.ColumnWidth = 列幅	セルの幅
Rangeオブジェクト.RowHeight = 行高	セルの高さ
Rangeオブジェクト.Font.Name = フォント名	フォント
Rangeオブジェクト.Font.Size = フォントサイズ	フォントサイズ
Rangeオブジェクト.Font.Bold = True / False	太字
Rangeオブジェクト.Font.ColorIndex = 色の番号	フォントの色
Rangeオブジェクト.Interior.ColorIndex = 色の番号	塗りつぶしの色
Rangeオブジェクト.Interior.ColorIndex = xlNone	塗りつぶし解除

メソッドの実行	説明
Rangeオブジェクト.Select	セルを選択
Rangeオブジェクト.ClearContents	セルのデータを消去
Rangeオブジェクト.ClearFormats	セルの書式を消去
Rangeオブジェクト.Clear	セルのデータと書式を消去
Rangeオブジェクト.Cut 移動先	セルを移動
Rangeオブジェクト.Copy コピー先	セルをコピー
Rangeオブジェクト.Delete 移動方向	セルを削除

セルのいろいろな指定方法

セルのいろいろな表現方法を知ろう

セル（Rangeオブジェクト）の指定方法について、ここまでに次の4通りの書き方を紹介してきました。

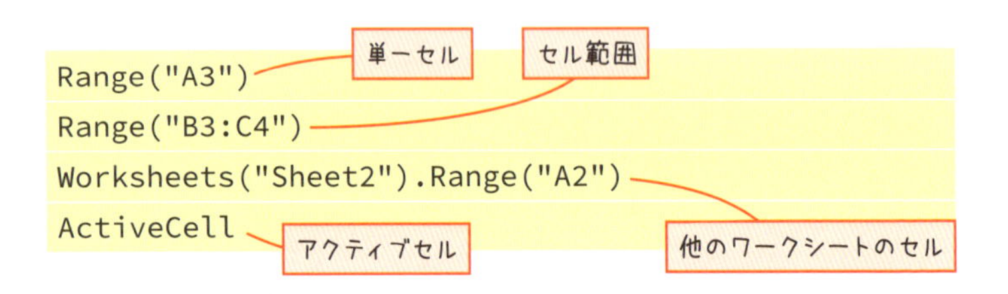

この4通りを知っているだけでもさまざまな処理を行えます。しかし、より幅広い処理を行うためには、セルの指定方法のバリエーションを増やさなければなりません。そこで、行や列の指定方法、表全体の指定方法、表の○行目の指定方法など、表の操作の自動化に役立つ指定方法をいくつか紹介しましょう。

行や列を指定する

ワークシートの行は「Rows(行番号)」、列は「Columns(列番号)」で表します。行を表す「Rows」は末尾に「s」が付く複数形です。そもそも「Rows」は「すべての行」を表し、「Rows(1)」は「すべての行の中の1番目の行」といった意味合いになります。列を表す「Columns」も同様に複数形です。

行を指定

書き方 Rows(1)

意味 ワークシートの1行目

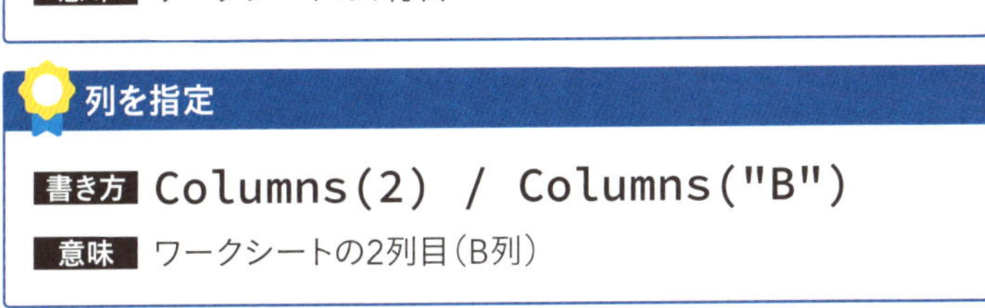

列を指定

書き方 Columns(2) / Columns("B")

意味 ワークシートの2列目（B列）

ワークシートの行や列の指定方法

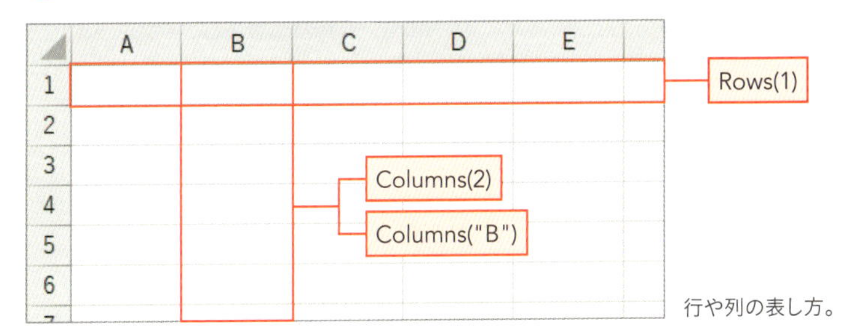

行や列の表し方。

行や列と言っても実体はセル範囲なので、行や列はRangeオブジェクトです。115ページで紹介したRangeオブジェクトのプロパティやメソッドを使って、行単位で太字を設定したり、列単位でコピーしたりといった操作が行えます。

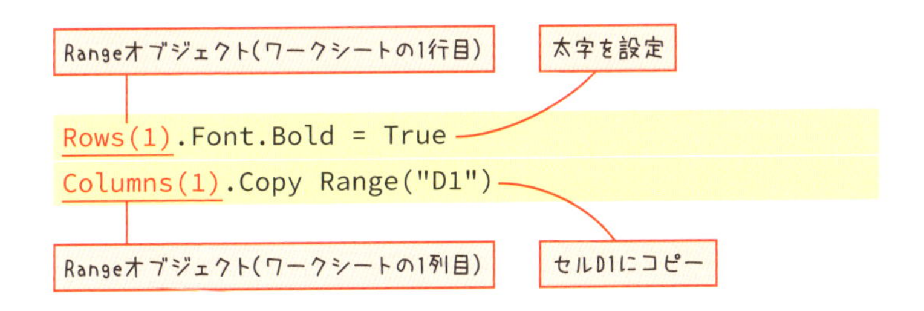

先頭セルをもとに表全体を指定する

日々データが追加されていくタイプの表を対象に処理を行う場合、マクロを作成する時点では表全体のセル範囲がわからず、「Range("A3:C6")」のような書き方を使えません。ただ、わからないのは行数だけで、先頭のセルのセル番号は固定されているはずです。そんなときは、**「先頭セル.CurrentRegion」と書くと、先頭セルを含む表全体のセル範囲を表せます**。「Current」は「現在の」、「Region」は「範囲」という意味の英単語です。

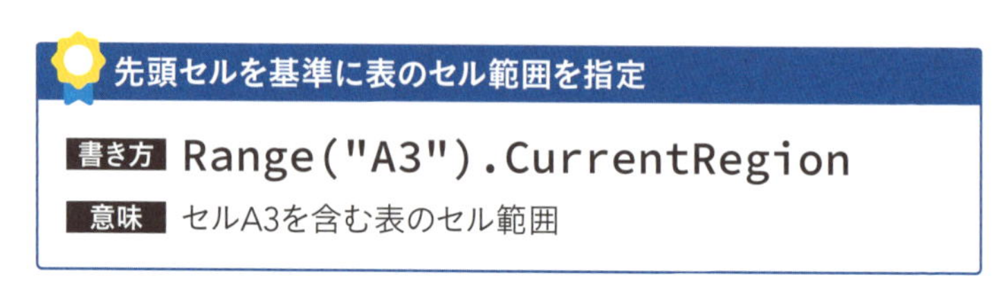

先頭セルをもとに表全体を指定

	A	B	C
1	経費帳		
2			
3	日付	科目	金額
4	4月1日	荷造運賃	860
5	4月2日	雑費	560
6	4月2日	旅費交通費	1,200
7			

Range("A3")

Range("A3").CurrentRegion

先頭のセルA3を含む表のセル範囲を指定する。

次のコードを実行するとどうなるか、考えてみてください。

```
Range("A3").CurrentRegion.Font.Name = "HG丸ｺﾞｼｯｸM-PRO"
```

Rangeオブジェクト(セルA3を含む表のセル範囲)

コードの実行結果

	A	B	C	D
1	経費帳			
2				
3	日付	科目	金額	
4	4月1日	荷造運賃	860	
5	4月2日	雑費	560	
6	4月2日	旅費交通費	1,200	
7				

フォントが設定される

表の全セルにフォントが設定される。

「Range("A3").CurrentRegion」と記述するとコードの実行時点での表の全セルを指定できるので、表にデータを追加してから再度コードを実行すれば、増えた分のセルも含めて再度表の全セルにフォントを設定し直せます。

なお、この記述で表せるのは、空白行と空白列で囲まれた長方形のセル範囲です。**表に隣接するセルに何も入力しないようにしましょう**。

「CurrentRegion」を正しく使用するために

	A	B	C
1	経費帳		
2			
3	日付	科目	金額
4	4月1日	荷造運賃	860
5	4月2日	雑費	560
6	4月2日	旅費交通費	1,200
7			
8			
9			

Range("A3").CurrentRegion

表の周りに何も入力されていないので、正しい表のセル範囲(セルA3～C6)に処理を行える。

	A	B	C
1			
2	経費帳		
3	日付	科目	金額
4	4月1日	荷造運賃	860
5	4月2日	雑費	560
6	4月2日	旅費交通費	1,200
7			
8			
9			

Range("A3").CurrentRegion

表のすぐ上のセルにタイトルが入力されているので、表の上の行も含めたセルA2～C6が処理の対象になってしまう。

表の「○行目」や「○列目」を指定する

「Rows(行番号)」と記述するとワークシートの特定の行を表せますが、**「Rows(行番号)」の前に表のセル範囲を指定すると、表の中の行を表せます。同様に「Columns(列番号)」の前に表のセル範囲を指定すると、表の中の列を表せます。**

表の中の行を指定

書き方 `Range("A3").CurrentRegion.Rows(1)`

意味 セルA3を含む表のセル範囲の1行目

表の中の列を指定

書き方 `Range("A3").CurrentRegion.Columns(1)`

意味 セルA3を含む表のセル範囲の1列目

それでは、表の1行目のセルに塗りつぶしの色を設定するコードを書いてみましょう。

```
Range("A3").CurrentRegion.Rows(1).Interior.ColorIndex = 37
```

Rangeオブジェクト(セルA3を含む表の1行目)

コードの実行結果

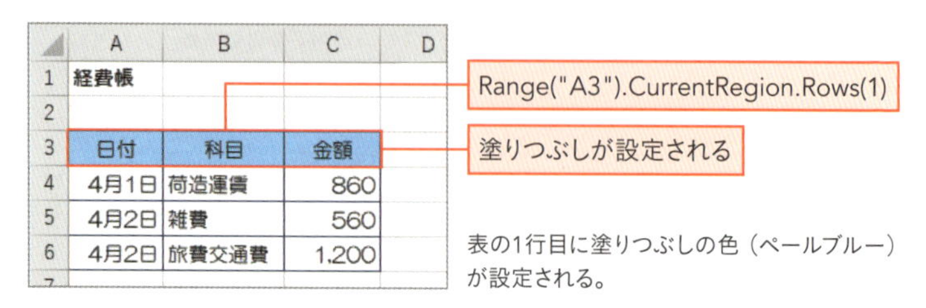

表の1行目に塗りつぶしの色（ペールブルー）が設定される。

表の行数や列数を求める

そもそも「Range("A3").CurrentRegion.Rows」は、「表の全行」を表します。「Range("A3").CurrentRegion.Rows(1)」は、翻訳すると「表の全行の中の1番目の行」という意味なのですね。

表の行数を知りたいときは、**「表の全行」を表す「Range("A3").CurrentRegion.Rows」の末尾に「数」を意味する「Count」を付けて**、次のように記述します。「Rows」を「Columns」に変えれば、表の列数がわかります。

表の行数を求める

書き方
```
Range("A3").CurrentRegion.Rows.Count
```
意味 セルA3を含む表の行数

表の列数を求める

書き方
```
Range("A3").CurrentRegion.Columns.Count
```
意味 セルA3を含む表の列数

先頭セルをもとに表の行数や列数を求める

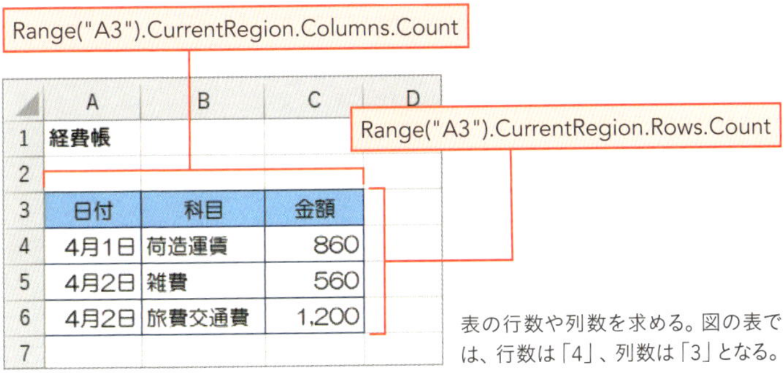

Range("A3").CurrentRegion.Columns.Count

	A	B	C	D
1	経費帳			
2				
3	日付	科目	金額	
4	4月1日	荷造運賃	860	
5	4月2日	雑費	560	
6	4月2日	旅費交通費	1,200	
7				

Range("A3").CurrentRegion.Rows.Count

表の行数や列数を求める。図の表では、行数は「4」、列数は「3」となる。

始点のセルから「○行○列」分の セル範囲を指定する

特定のセルから「○行○列」分のセル範囲を対象に処理を行いたいときがあります。そんなときは、「サイズを変える」という役割を持つ「Resize」を使用して、**「始点セル.Resize(行数, 列数)」という構文に、始点セル、行数、列数を当てはめましょう**。

例えば、「Range("A3").Resize(4, 3)」と記述すると、「セルA3から4行3列分のセル範囲」（セルA3～C6のこと）を指定できます。

始点のセルから「○行○列」分のセル範囲を指定

書き方
```
Range("A3").Resize(4, 3)
```
意味 セルA3を始点として4行3列分のセル範囲

▶ 始点のセルと行数、列数からセル範囲を指定

	A	B	C	D
1	経費帳			
2				
3	日付	科目	金額	
4	4月1日	荷造運賃	860	
5	4月2日	雑費	560	
6	4月2日	旅費交通費	1,200	
7				

Range("A3")

Range("A3").Resize(4, 3)

セルA3を始点として4行3列分のセル範囲。

上の図の表で次のコードを実行すると、どうなると思いますか？ 「Range("A3").CurrentRegion.Rows.Count」の部分は、121ページで紹介したとおり表の行数を表します。

```
Range("A4").Resize(Range("A3").CurrentRegion.Rows.Count - 1, 3).ClearContents
```

表の行数

このコードでは、表の行数を求めて、そこから1を引いています。表の行数が4行なので、セルA4を始点として「4-1」行3列、つまり3行3列のセル範囲を表します。セルA4は経費データの先頭セル、「3行」は経費データの件数なので、結果として表からすべての経費データが消去されます。

コードの実行結果

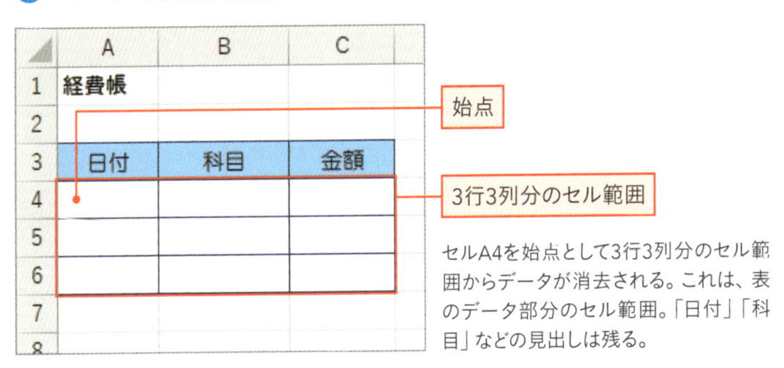

セルA4を始点として3行3列分のセル範囲からデータが消去される。これは、表のデータ部分のセル範囲。「日付」「科目」などの見出しは残る。

このコードでは表の行数を自動取得しているので、データの件数が増えた場合でも、必ずデータ部分を対象に処理を行えます。**「CurrentRegion」「Resize」「Rows」などを組み合わせることで、セル範囲の柔軟な指定が可能になる**のです。

まとめ

① 「Rows」「Columns」で行や列を指定できる。
② 「CurrentRagion」で表のセル範囲を指定できる。
③ 「Resize」でセル範囲のサイズを指定できる。

マクロを作ろう
～セル範囲の自動取得～

こんなマクロを作ろう

この章の復習として、マクロを作成しましょう。サンプルファイル「練習_3-2.xlsm」を開いて、次の処理を行うコードを入力してください。

処理の目的

表のセル範囲を自動取得して、書式を設定する。
ただし、表の先頭セルはセルA3とする。

処理の流れ

・セルA3から始まる表全体に「メイリオ」というフォントを設定する。
・セルA3から始まる表の1列目の塗りつぶしの色として、インデックス番号「19」の色を設定する。
・セルA3から始まる表の1行目の塗りつぶしの色として、インデックス番号「33」の色を設定する。
・セルA3から始まる表の1行目に太字を設定する。

表の範囲を自動取得して書式設定する

	A	B	C	D	E	F
1				会員名簿		
2						
3	No	氏名	性別	年齢	E-mail	
4	1	野沢　博人	男	24	nozawa@example.com	
5	2	鈴木　健太	男	38	kenta@example.com	
6	3	後藤　佑香	女	26	gotou@example.com	
7	4	松原　義彦	男	33	y-matsu@example.com	
8	5	前川　愛	女	41	aimae@example.com	
9	6	相田　幸恵	女	30	sachi@example.com	
10						

この表のセル範囲を自動取得して、書式を設定したい

表の1列目に「19」の色（薄い黄）を設定

表の1行目に「33」の色（スカイブルー）と太字を設定

	A	B	C	D	E	F
1				会員名簿		
2						
3	**No**	**氏名**	**性別**	**年齢**	**E-mail**	
4	1	野沢　博人	男	24	nozawa@example.com	
5	2	鈴木　健太	男	38	kenta@example.com	
6	3	後藤　佑香	女	26	gotou@example.com	
7	4	松原　義彦	男	33	y-matsu@example.com	
8	5	前川　愛	女	41	aimae@example.com	
9	6	相田　幸恵	女	30	sachi@example.com	
10						

表の全セルのフォントを「メイリオ」にする

表がセルA3から始まるものとして、表のセル範囲を自動取得する。表全体にフォント、表の1列目に色、表の1行目に色と太字を設定する。

コードを入力してマクロを作成する

サンプルファイルを開いて、コードを入力しましょう。入力し終えたら、マクロを実行して実行結果を確認してください。

```
1 Sub 表の自動取得()
2     Range("A3").CurrentRegion.Font.Name = "メイリオ"
3     Range("A3").CurrentRegion.Columns(1).Interior.ColorIndex = 19
4     Range("A3").CurrentRegion.Rows(1).Interior.ColorIndex = 33
5     Range("A3").CurrentRegion.Rows(1).Font.Bold = True
6 End Sub
```

1	「表の自動取得」マクロの開始。
2	セルA3を含む表のフォントを「メイリオ」にする。
3	セルA3を含む表の1列目の塗りつぶしの色を「19」にする。
4	セルA3を含む表の1行目の塗りつぶしの色を「33」にする。
5	セルA3を含む表の1行目に太字を設定する。
6	マクロの終了。

セルA3は、表の1列目でもあり、1行目でもあります。マクロのコードは上から順に実行されるので、3行目のコードによってセルA3に「19」の色（薄い黄）が設定されたあと、4行目のコードによって「33」の色（スカイブルー）が設定されます。結果として、セルA3の色はスカイブルーになります。ちなみに、コードの3行目と4行目を入れ替えると、セルA3は薄い黄になります。

第4章 これだけでOK！覚えておきたい基本構文

山登りを極める
山岳の魅力
世界名山に登る
山歩きのすすめ
カタ
カタ
カタ
(General)
Sub リストへ追加()
End Sub
カタ
カタ
で　これを押せば
カチッ
新規販売店
顧客　マルワ
販売店　葛西店
形態　ドラッグストア
エリア　東京都江戸川区
リストへ追加
販売店リスト
全４件
No　顧客　販売店　形態　エリア
1　マルワ　北町店　ドラッグストア　東京都新宿区
2　マルワ　高田馬場店　ドラッグストア　東京都新宿区
4　マルワ　葛西店　ドラッグストア　東京都江戸川区
転記
よし　これでデータの転記はできたっと
(General)
Sub リストへ追加()
Range("E" & Range("H2").Value + 4).Val
Range("F" & Range("H2").Value + 4).Val
Range("G" & Range("H2").Value + 4).Val
Range("H" & Range("H2").Value + 4).Val
Range("D" & Range("H2").Value + 4).Val
Sub
パリッ
でもねぇ……
もっと複雑な条件入れて自動化したいんだよなぁ
うーん…

会議室
今日は**条件分岐**の魔法をやるわよ

あっ　それちょうど知りたかったんです！
ニヤリ…
そりゃそうよ
だってアンタの心読めるもん

え……？

スッ

ま　それはさておき
条件によって分岐処理させるには
いやいやおかしいでっっ

シュバッ
条件分岐呪文(構文)
条件分岐呪文…っと
制御を行なう
この呪文が必要よ！
この２つが
今日覚える
魔法の基本よ
スッ
それと
命令文を何回
繰り返すか決める
この呪文！
ズバッ
繰り返し呪文(構文)
繰り返し
呪文…と
はい
じゃあまずは
問題から

合否判定をする魔法の呪文は？

内容

セル C2 の値が 70 以上なら「合格」
それ以外なら「不合格」の文字を
セル C3 に入力する

こんなの
エクセルの関数で
やればスグなのに

えぇ〜

気持ちは
わかるわ

でもね

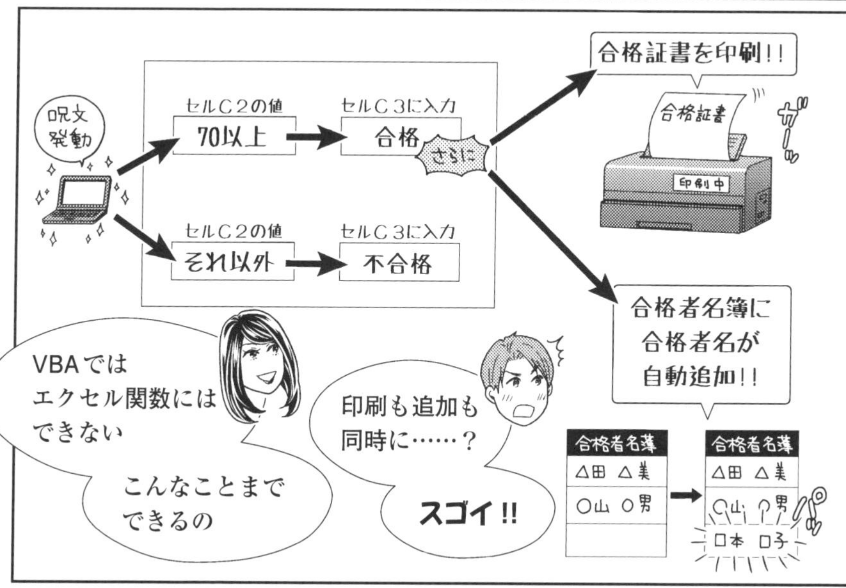

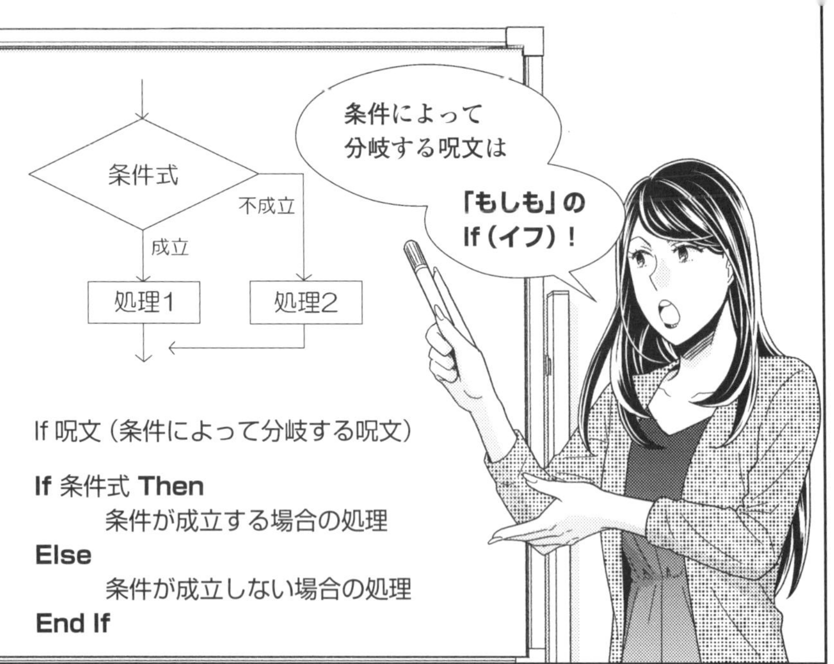
条件によって
分岐する呪文は
「もしも」の
If（イフ）！
条件式
不成立
成立
処理1
処理2
If 呪文（条件によって分岐する呪文）
If 条件式 Then
条件が成立する場合の処理
Else
条件が成立しない場合の処理
End If

例題を
入れると
こうよ
セルC2の値が
70以上
不成立
成立
セルC3に
「合格」と表示
セルC3に
「不合格」と表示
If（もし）セル C2 の値が 70 以上 Then（なら）
セル C3 に「合格」と表示する
Else（それ以外なら）
セル C3 に「不合格」と表示する
End If（この条件呪文はここでおしまい）
なるほど
じゃあこれを
呪文にしてみて

「セル C2 の値」
の呪文は？
ええっと
「Range("C2").Value」です
カタ
カタ
カタ
それが
70 以上だから？
70 以上は
「> = 70」だから
呪文
Range("C2").Value > = 70
意味
セル C2 の値が 70 以上
こうですか？
いいわね
カタ
カタ
よしっ で
セル C3 に「合格」と
表示だから……

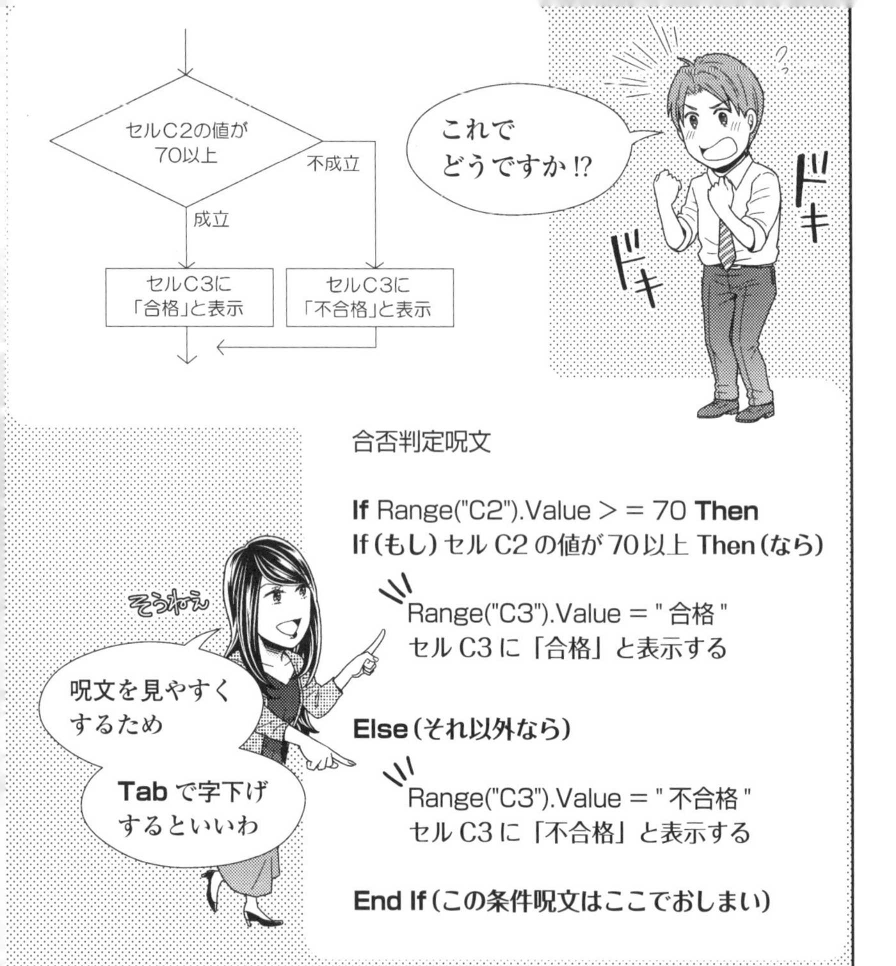
セルC2の値が
70以上
不成立
成立
セルC3に
「合格」と表示
セルC3に
「不合格」と表示
これで
どうですか!?
ドキ
ドキ
合否判定呪文
If Range("C2").Value > = 70 Then
If (もし) セル C2 の値が 70以上 Then (なら)
Range("C3").Value = " 合格 "
セル C3 に「合格」と表示する
Else (それ以外なら)
Range("C3").Value = " 不合格 "
セル C3 に「不合格」と表示する
End If (この条件呪文はここでおしまい)
そうねえ
呪文を見やすく
するため
Tab で字下げ
するといいわ

カチッ
パッ
A B C
合否判定
得点 80
判定 合格
おおっ
やるわね
ベイビーちゃん
どんどん
いくわよ～
合ってた!

例題
セル A1 ～ A10 の範囲に「1,2,3……10」という連続データを入れる
次は繰り返しの呪文！
これは Excel の操作を自動化する上で鍵となる魔法よ

こんな風に一個ずつ大量に打つってどう思う？
全角数字を半角数字に直して
でもカタカナとアルファベットは直さずそのまま
地獄です……
ええっと……どこだどこだ
ゴシ
ゴシ

そんな時こそ繰り返しよ！
実行！
ポチ
ZZZ…
できてる～！
すごいっ
天国だ

訳

A 列 i 行目のセルの値を i にする処理を i が 1 から 10 になるまで繰り返す

要は　１行ずつ
i 回処理が繰り返される
ってことなの
「i」は実行回数を
カウントするための箱
箱だ…
i

１回目
ポイ
入れる
1
出して
セルに
入れる
A B C
小人さんが
働いてる…
２回目
ポイ
入れる
2
出して
セルに
入れる
一生懸命
だなぁ
10回繰り返す
終わった～
10回で
最後だ
なるほど！
回数が「i」ですか
てことは……
ポン

わかっちゃいました！
今はA列i行目のセルを
iにしたいわけだから
Range("Ai") .Value = i
ってことですよね！
残念！
え～？
はーい
ブッブー

正解は……
セルA1～A10に1から10を入力する呪文
For i = 1 To 10
Range("A" & i).Value = i
Next
「&」を使うの！

へぇ！
&を使うんだ
""で
囲まれて
いる
"A" & i
""で
囲まれて
いない
でも　なんでiには
""がつかないんですか？

それはね
""で囲むと
その中身が文字列と
みなされるからよ
囲む
"i"
文字の「i」という
意味になる
囲まない
i
「i＝回数」として
1.2.3…と変更できる

そういうことか
モジカモーンの
時と同じだ
ここは重要だから
繰り返してしっかり
覚えること！
わかりました！

「変数」はデータの入れ物

後で使うデータを変数にしまっておく

この章では、VBAで一歩進んだ処理を行うときに役に立つ構文を紹介していきます。まずは「変数」です。

「変数」とは、データを入れる入れ物です。プログラムの中で何度も出てくるデータや、長い式を使って求めた計算結果は、**「変数」にしまっておくと、後から何度でもすばやく取り出せます**。

▶「変数」はデータの入れ物

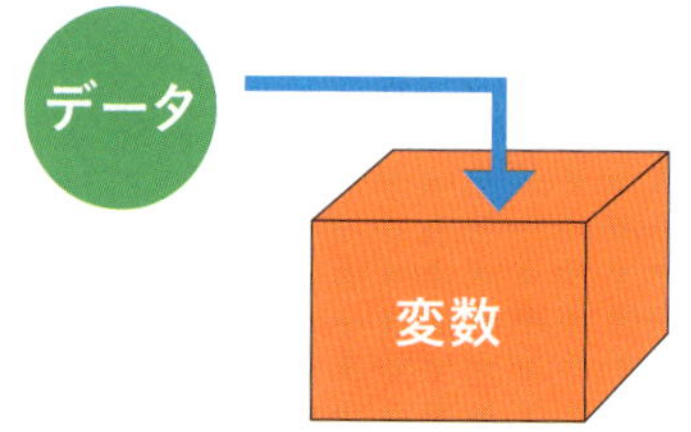

変数は、データをしまっておく入れ物。

変数を使用するには、まず「こんなデータを入れるこんな名前の変数を使います」と変数の定義を行います。これを「**変数宣言**」と呼びます。変数宣言の構文は次のとおりです。

変数宣言

書き方 Dim 変数名 As データ型

意味 指定した種類のデータを入れる変数を用意する

「変数名」は、データの入れ物に付ける名前のことです。英数字や日本語、アンダーバー「_」を使えます。

「データ型」は、変数に入れるデータの種類のことです。VBAにはたくさんのデータ型が用意されているのですが、当面は次表のデータ型を知っていればOKです。

変数の主なデータ型

データ型	名称	データの種類
Boolean	ブール型	True(真)/False(偽)
Long	長整数型	整数
Double	倍精度浮動小数点数型	実数(小数)
Currency	通貨型	金額
Date	日付型	日付や時刻
String	文字列型	文字列
Variant	バリアント型	すべて

個数や行数などの整数を入れる変数は「Long型」、気温や達成率などの小数を入れる変数は「Double型」という具合に、**変数に入れるデータの種類に応じてデータ型を決めます**。たとえば、「Dim 個数 As Long」と記述すると、「個数」という名前のLong型の変数が用意されます。

Long型の変数に入るのは整数だけ

```
Dim 個数 As Long
```

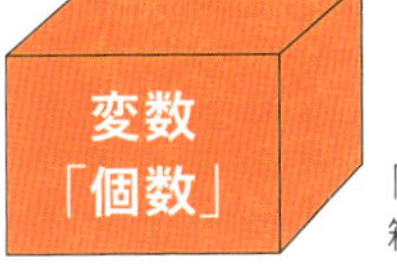

「Dim 個数 As Long」と記述すると、整数を入れるための箱が用意される。この箱には、小数や文字列は入れられない。

データ型に迷ったときは、何でも入れられる「Variant型」を選べばOKです。ただし、変数に入れるデータの種類が決まっている場合は、データに応じたデータ型をきちんと指定したほうがプログラムの処理速度が上がります。

変数に「値」を入れる

変数にデータを入れることを「代入」と言います。変数に数値や文字列などの値を代入するには、「変数名 = 値」と記述します。**「=」は、右のものを左に入れる役割をする記号です。**

たとえば、Long型の変数「個数」に「12」という数値を代入するには、「個数 = 12」と記述します。

「代入」はデータを箱にしまうこと

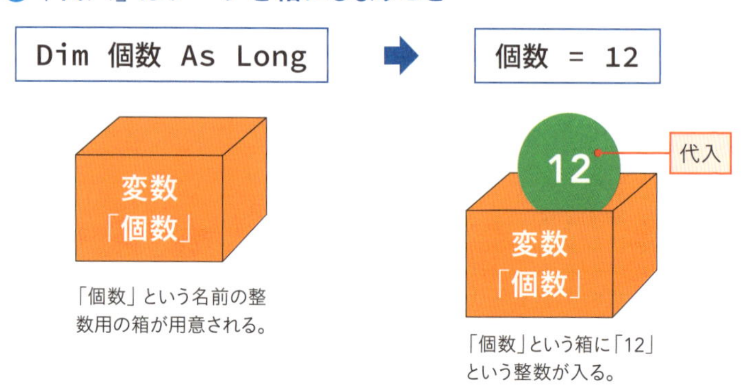

「個数」という名前の整数用の箱が用意される。

「個数」という箱に「12」という整数が入る。

変数の「値」を使う

変数の箱に入れたデータは、変数名で呼び出せます。「個数」という名前の変数に「12」という数値が代入されている場合、コードの中に「個数」と記述すると「12」を指定したことになります。

次のコードは、Long型の変数「個数」に「12」を代入し、「個数×1」「個数×2」「個数×3」を求めて、それぞれセルC3、C4、C5に入力するものです。

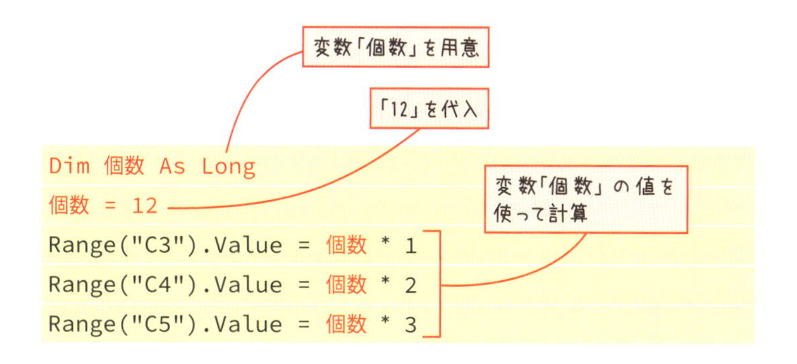

コードの実行結果

	A	B	C	D
1	商品価格表			
2	セット数	価格	内容数	
3	1セット	¥1,000	12	
4	2セット	¥1,900	24	
5	3セット	¥2,700	36	
6				
7				

「個数×1」の計算結果を入力
「個数×2」の計算結果を入力
「個数×3」の計算結果を入力

「個数×1」「個数×2」「個数×3」の計算結果が、それぞれセルC3、C4、C5に入力された。

数値計算で使用する記号を知っておこう

VBAで数値計算を行うときに使用する記号を下表にまとめます。

数値計算で使用する記号

記号	説明	使用例	結果	優先順位
^	べき乗	7 ^ 2	49(7の2乗)	1
*	掛け算	7 * 2	14	2
/	割り算	7 / 2	3.5	
¥	整数商	7 ¥ 2	3	3
Mod	余り	7 Mod 2	1	4
+	足し算	7 + 2	9	5
-	引き算	7 – 2	5	

「¥」(円記号)と「Mod」はExcelの数値計算では使わない記号なので、補足説明をしておきます。「¥」は割り算の結果の整数部分、「Mod」は割り算の余りを求める記号です。「7÷2=3余り1」という計算において、「3」を求める式が「7 ¥ 2」で、「1」を求める式が「7 Mod 2」です。

VBAの数値計算には一般的な計算と同様に優先順位があり、丸カッコで囲むことで優先順位を上げられます。たとえば、

・「1 + 2 * 3」の結果:7(「2 * 3」が先に計算される)
・「(1 + 2) * 3」の結果:9(「1 + 2」が先に計算される)

となります。

文字列をつなぐ記号を知っておこう

文字列と文字列を連結したいときは、「&」（アンパサンド）を使用します。文字列と数値を連結したいときにも使用できます。たとえば、

・「"Excel" & "VBA"」の結果："ExcelVBA"
・「"Excel" & 2016」の結果："Excel2016"

となります。

VBAでは、行番号を変数で表すことが少なくありません。「入力行」という名前の変数に「7」が代入されている場合、「Range("A" & 入力行)」は「Range("A" & 7)」つまり「Range("A7")」（セルA7）を表します。「A」は文字なので「"」（ダブルクォーテーション）で囲みますが、「入力行」は変数なので囲みません。

次のコードを実行するとセルA7に「みかん」と入力されます。

```
Dim 入力行 As Long
入力行 = 7
Range("A" & 入力行).Value = "みかん"
```

まとめ

①データの入れ物を「変数」と呼ぶ。
②変数を用意することを変数宣言と呼ぶ。
③変数に値を入れることを「代入」と呼ぶ。

マクロを作ろう
〜変数の利用〜

こんなマクロを作ろう

　変数を利用したマクロを作成しましょう。サンプルファイル「練習_4-1.xlsm」を開いて、次の処理を行うコードを入力してください。さらに、マクロを実行するための実行ボタンを作成してください。

処理の目的

表に新規データをすばやく入力できるように次の処理を行う。

・新規入力行の「顧客No」を自動入力する。

・新規入力行の「氏名」欄を選択する。

処理の流れ

・表の行数をLong型の変数「行数」に代入する。

・新規入力行の行番号をLong型の変数「入力行」に代入する。

・入力行の「顧客No」欄に変数「行数」の値を入力する。

・入力行の「氏名」欄のセルを選択する。

ヒント

マクロ実行前の表の行数が、新規データの「顧客No」の値になります。表の行数は、121ページを参考に求めてください。

新規データを素早く入力できるようにする

	A	B	C	D	E	F
1	顧客名簿					
2						
3	顧客No	氏名	フリガナ	性別	生年月日	
4	1	五十嵐　由紀	イガラシ　ユキ	女	1982/8/7	
5	2	後藤　圭吾	ゴトウ　ケイゴ	男		
6	3	唐沢　雅美	カラサワ　マサミ	女		
7	4	杉浦　紀子	スギウラ　ノリコ	女	1991/4/23	
8	5	甲斐　洋二郎	カイ　ヨウジロウ	男	1988/7/16	
9	6	松原　慶子	マツバラ　ケイコ	女	1993/11/9	
10	7	千葉　成美	チバ　ナルミ	女	1978/2/3	
11	8	藤堂　修	トウドウ　オサム	男	1970/10/2	
18	15	江口　健太	エグチ　ケンタ	男	1988/8/20	
19	16	吉沢　秀樹	ヨシザワ　ヒデキ	男	1976/2/4	

新規入力

「新規入力」ボタンをクリック

Sheet1

	A	B	C	D	E	F
1	顧客名簿					
2						
3	顧客No	氏名	フリガナ	性別	生年月日	
13	10	渡辺　大地	ワタナベ　ダイチ	男	1992/5/19	
14	11	瀬戸　菜々美	セト　ナナミ	女	1985/3/20	
15	12	三田　祐樹	ミタ　ユウキ	男	1978/2/7	
16	13	曽我　遼子	ソガ　リョウコ	女	1986/11/10	
17	14	工藤　まり	クドウ　マリ	女	1983/10/8	
18	15	江口　健太	エグチ　ケンタ	男	1988/8/20	
19	16	吉沢　秀樹	ヨシザワ　ヒデキ	男	1976/2/4	
20	17	小林　健	コバヤシ　タケル	男	1994/10/9	
21	18					
22						

新規入力

新規データの顧客Noが自動入力される

新規入力行の「氏名」欄が選択される

新規入力行が表示されるように、自動スクロールする

「新規入力」ボタンをクリックすると、表の新規入力行に「顧客No」が自動入力される。また、「氏名」欄が選択され、すぐに入力を開始できる。なお、サンプルには「ウィンドウ枠の固定」が設定されており、見出し行が常に表示される。

コードを入力してマクロを作成する

サンプルファイルを開いて、コードを入力しましょう。

```
1 Sub 新規データ入力()
2     Dim 行数 As Long
3     Dim 入力行 As Long
4     行数 = Range("A3").CurrentRegion.Rows.Count
5     入力行 = 行数 + 3
6     Range("A" & 入力行).Value = 行数
7     Range("B" & 入力行).Select
8 End Sub
```

1	「新規データ入力」マクロの開始。
2	「行数」という名前のLong型の変数を用意する。
3	「入力行」という名前のLong型の変数を用意する。
4	変数「行数」に、セルA3を含む表の行数を代入する。
5	変数「入力行」に、「行数」に3を加算した値を代入する。
6	A列「入力行」行のセルに、「行数」の値を入力する。
7	B列「入力行」行のセルを選択する。
8	マクロの終了。

●表の行数（4行目のコード）

サンプルの表の行数は次のコードで求められます。

```
行数 = Range("A3").CurrentRegion.Rows.Count
```

表の行数を求めるコードは「Range("A3").……Count」と長いですが、求めた行数を変数に入れておけば、あとはこの長いコードを書く代わりに変数名を書けばいいので簡単です。

●入力行の行番号（5行目のコード）

新規入力行の行番号は「表の上の行数＋表の行数＋1」です。「表の上の行数」は2行なので、新規入力行の行番号は「2＋表の行数＋1」、つまり「表の行数＋3」ということになります。

```
入力行 = 行数 + 3
```

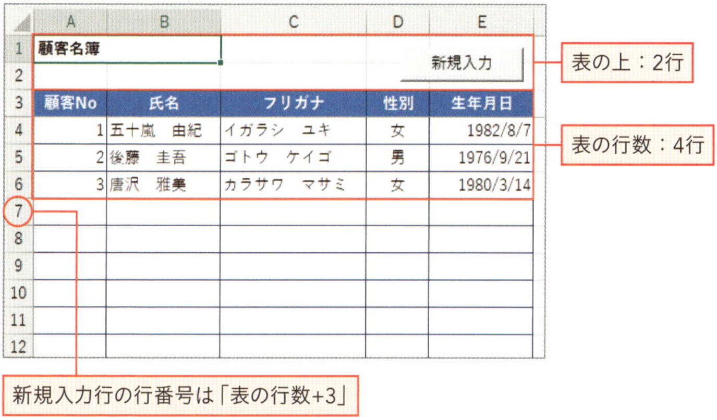

	A	B	C	D	E
1	顧客名簿				新規入力
2					
3	顧客No	氏名	フリガナ	性別	生年月日
4	1	五十嵐　由紀	イガラシ　ユキ	女	1982/8/7
5	2	後藤　圭吾	ゴトウ　ケイゴ	男	1976/9/21
6	3	唐沢　雅美	カラサワ　マサミ	女	1980/3/14
7					
8					
9					
10					
11					
12					

表の上：2行

表の行数：4行

新規入力行の行番号は「表の行数+3」

たとえば、表の行数が4行の場合、新規入力行の行番号は「4+3」で「7」となる。ちなみに、サンプルファイルの表の行数は18行なので、新規入力行の行番号は「18+3」で「21」となる。

●新規データの「顧客No」（6行目のコード）

新規入力行の「顧客No」のセルは、「Range("A" & 入力行)」と表せます。新規データの顧客Noの値は、表の行数に一致します。

●セルの選択（7行目のコード）

Selectメソッドはセルを選択するメソッドですが、選択するセルが画面上に表示されていない場合、セルが表示されるように自動的に画面がスクロールします。

条件によって実行する命令文を切り替える

条件が成立する場合だけ処理を実行する

「セルが空欄の場合に0を入力したい」「セルの値が70以上の場合に合格と入力したい」……。そんなときは、「If構文」の出番です。**If構文を使用すると、条件式が成立する場合にだけ指定した処理を行うことができます**。条件に応じて実行する処理を変えることを、「**条件分岐**」と呼びます。

英語の「If ○○ Then ××.」には「もしも○○なら××」という意味がありますが、VBAのIf構文も同じような構造です。「もしも○○なら」を「If 条件式 Then」で表します。そして、「If 条件式 Then」と「End If」の間に、「××」にあたる処理を指定します。その際、If構文内の処理であることが一目でわかるように、処理を字下げして入力するのが一般的です。

（条件分岐）If構文

構文 **If 条件式 Then**
　　処理
End If

意味 条件式が成立する場合に処理を実行する

If構文の流れ

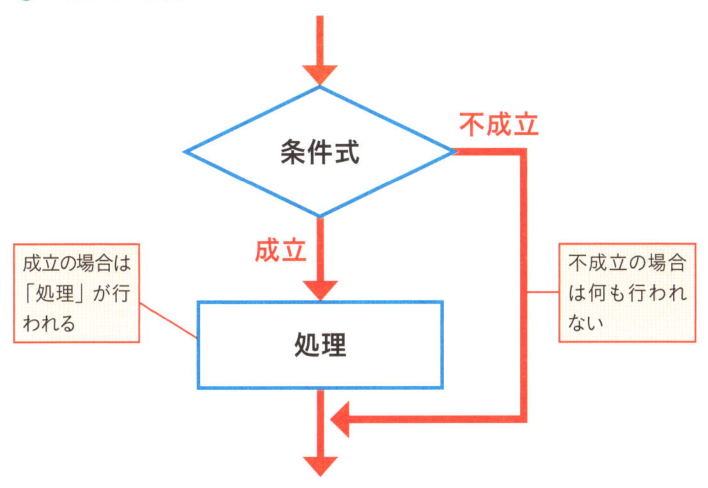

If構文では、「条件式」が成立する場合にのみ「処理」が行われる。不成立の場合は、何も行われない。

If構文を使って、セルC2の値が70以上の場合にセルC3に「合格」と表示してみましょう。指定する条件式は、「セルC2の値が70以上」を意味する「Range("C2").Value >= 70」です。

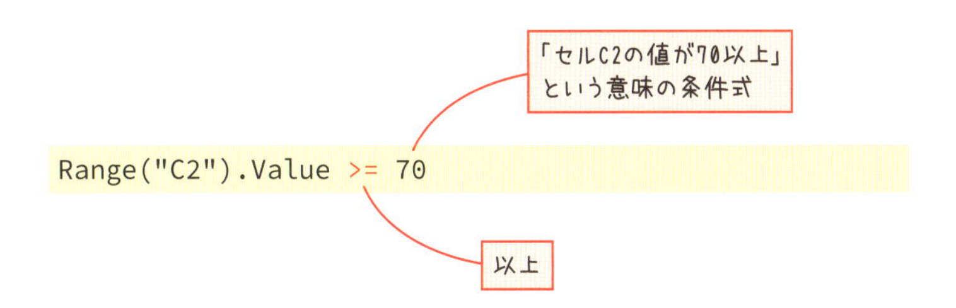

「>=」は「以上」を表す記号で、「>」と「=」を続けて入力します。「70以上」という条件の場合、70点、71点、72点…は条件成立となります。69点、68点、67点…は条件不成立です。

条件が成立する場合に実行する処理は、「セルC3に合格と表示する」でしたね。これは、「Range("C3").Value = "合格"」と表せます。全体のコードは、以下のようになります。

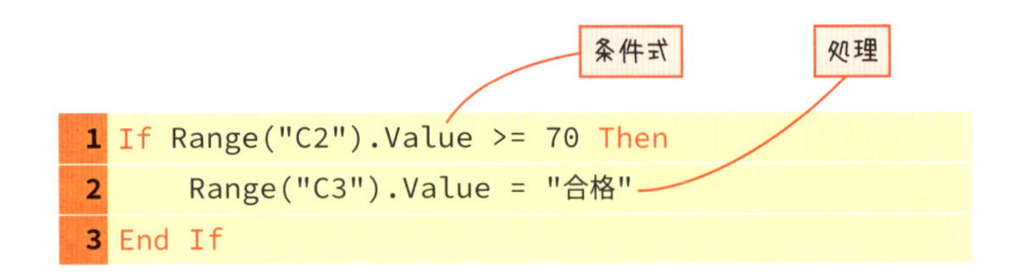

コードの実行結果

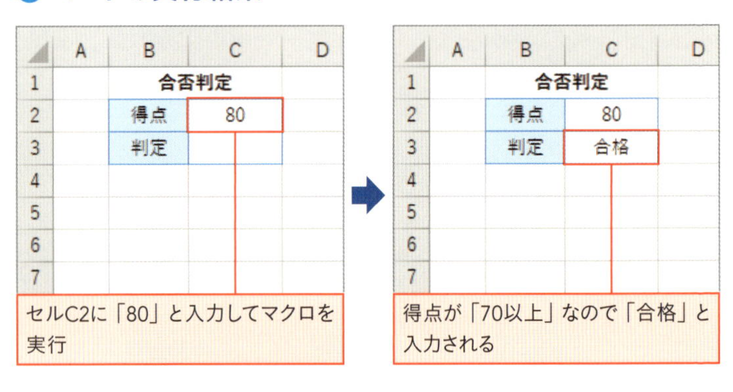

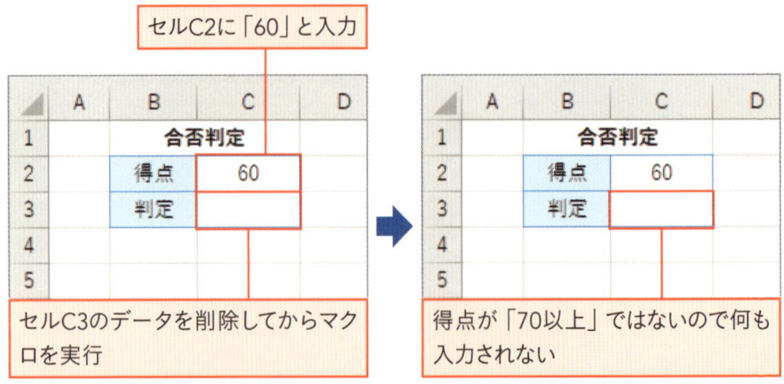

セルC2の値が「70以上」の場合にセルC3に「合格」と入力される。それ以外の場合は、セルC3はマクロ実行前の状態のまま変わらない。

条件が成立する場合としない場合とで実行する処理を切り替える

「If」構文に「Else」を追加すると、指定した条件式が成立する場合としない場合とで、実行する処理を切り替えられます。

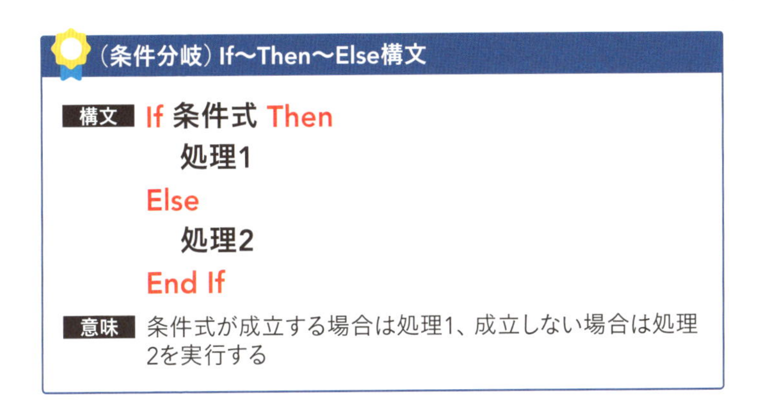

（条件分岐）If〜Then〜Else構文

構文 If 条件式 Then
　処理1
Else
　処理2
End If

意味 条件式が成立する場合は処理1、成立しない場合は処理2を実行する

If〜Then〜Else構文の流れ

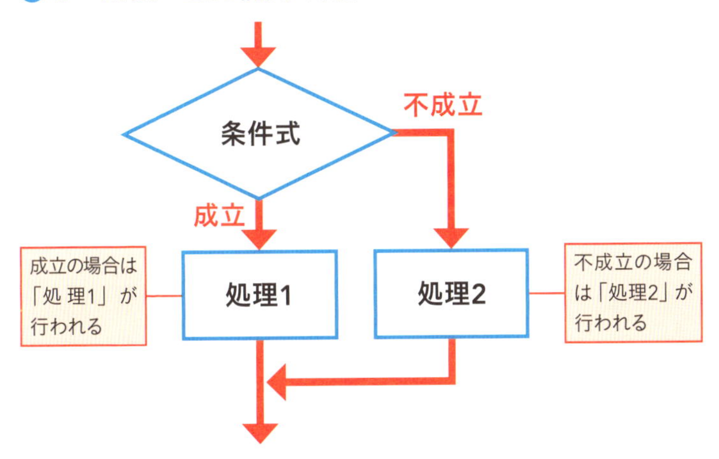

If〜Then〜Else構文では、「条件式」が成立する場合としない場合とで、異なる処理を実行できる。

次のコードでは、セルC2の値が70点以上の場合にセルC3に「合格」と表示し、そうでない場合に「不合格」と表示します。

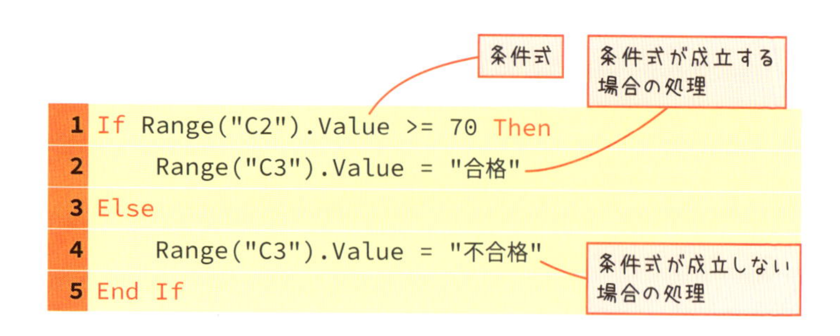

```
1 If Range("C2").Value >= 70 Then
2     Range("C3").Value = "合格"
3 Else
4     Range("C3").Value = "不合格"
5 End If
```


コードの実行結果

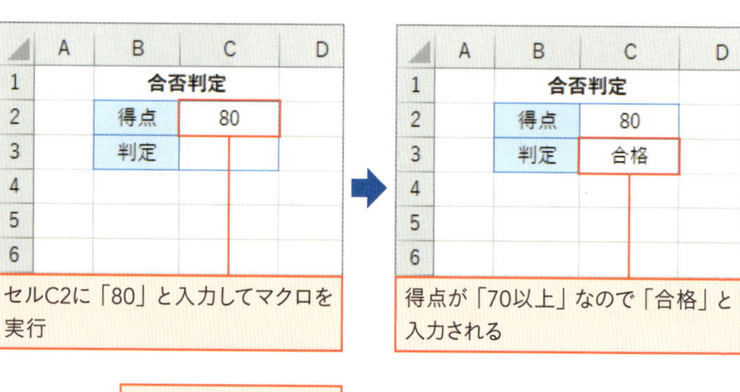

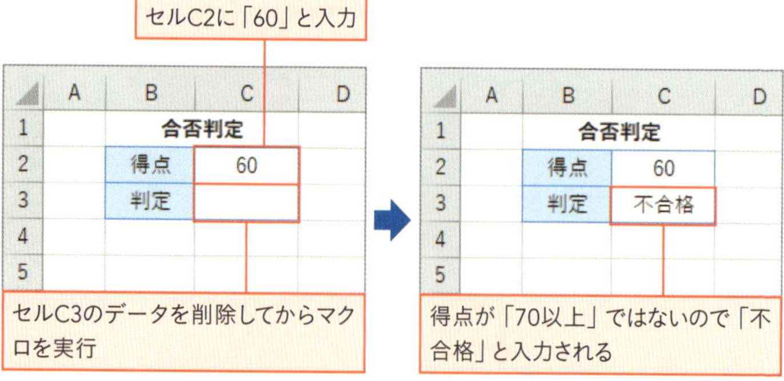

セルC2の値が「70以上」の場合は、セルC3に「合格」と入力される。それ以外の場合は、セルC3に「不合格」と入力される。

条件判定に使用する記号を知っておこう

If構文で数値の条件を判定するとき、「=」「<」「>」を組み合わせた記号を使用します。下表にまとめるので、If構文を記述するときの参考にしてください。

条件判定に使用する記号

記号	説明	使用例と意味
=	等しい	Range("A1").Value = 100 セルA1の値が100に等しい
<>	等しくない	Range("A1").Value <> 100 セルA1の値が100に等しくない
>	より大きい	Range("A1").Value > 100 セルA1の値が100より大きい
>=	以上	Range("A1").Value >= 100 セルA1の値が100以上
<	より小さい	Range("A1").Value < 100 セルA1の値が100より小さい
<=	以下	Range("A1").Value <= 100 セルA1の値が100以下

まとめ

①条件に応じて処理を切り替えることを「条件分岐」と呼ぶ。
②If構文を使うと、条件が成立する場合にだけ処理を行える。
③If ～ Then ～ Else構文を使うと、条件が成立する場合としない場合とで異なる処理を行える。

マクロを作ろう
～条件分岐～

こんなマクロを作ろう

条件分岐を利用したマクロを作成しましょう。サンプルファイル「練習_4-2.xlsm」を開いて、次の処理を行うコードを入力してください。

処理の目的

売上実績が目標を達成しているかどうかを判定する。

処理の流れ

・実績が目標以上の場合は、セルC3に「OK」と入力して文字をインデックス番号「46」の色（オレンジ）にする。
・実績が目標以上でない場合は、セルC3に「NG」と入力して文字をインデックス番号「41」の色（薄い青）にする。

ヒント

文字の色を設定するには、FontオブジェクトのColorIndexプロパティを使用します（104ページ参照）。

目標と実績を比較して判定する

	A	B	C	D	E	F
1	売上分析					
2	売上目標	売上実績	判定			
3	1,000,000	1,234,000				
4						
5						

セルB3にセルA3以上の数値を入力してマクロを実行

	A	B	C	D	E	F
1	売上分析					
2	売上目標	売上実績	判定			
3	1,000,000	1,234,000	OK			
4						
5						

オレンジ色の文字で「OK」と表示される

「売上実績」欄に「売上目標」以上の数値を入力してマクロを実行すると、「判定」欄にオレンジ色の文字で「OK」と表示される。

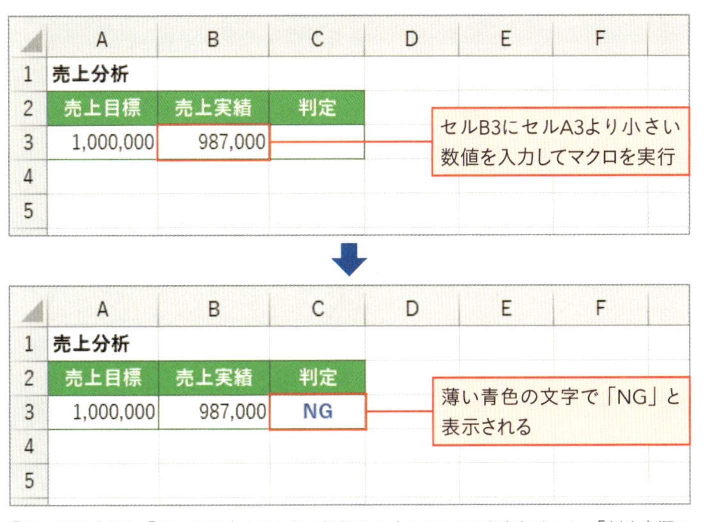

「売上実績」欄に「売上目標」より小さい数値を入力してマクロを実行すると、「判定」欄に薄い青色の文字で「NG」と表示される。

コードを入力してマクロを作成する

サンプルファイルを開いて、コードを入力しましょう。

```
1 Sub 判定()
2     If Range("B3").Value >= Range("A3").Value Then
3         Range("C3").Value = "OK"
4         Range("C3").Font.ColorIndex = 46
5     Else
6         Range("C3").Value = "NG"
7         Range("C3").Font.ColorIndex = 41
8     End If
9 End Sub
```

1	「判定」マクロの開始。
2	セルB3の値がセルA3の値以上の場合、
3	セルC3に「OK」と入力する。
4	セルC3の文字の色をインデックス番号「46」の色にする。
5	そうでない場合、
6	セルC3に「NG」と入力する。
7	セルC3の文字の色をインデックス番号「41」の色にする。
8	If構文の終了。
9	マクロの終了。

このマクロでは、「セルB3の値がセルA3の値以上」という条件を判定して、その結果に応じて処理を分岐しています。

```
Range("B3").Value >= Range("A3").Value
```

	A	B	C	D
1	売上分析			
2	売上目標	売上実績	判定	
3	1,000,000	1,234,000		
4				
5				
6				

比較して判定

セルB3の値がセルA3の値以上かどうかを判定する。

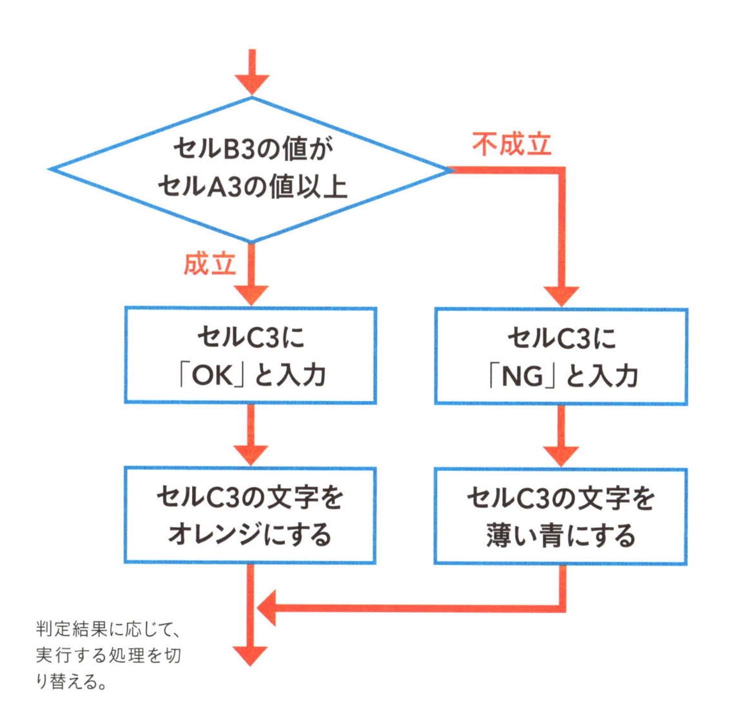

判定結果に応じて、実行する処理を切り替える。

同じ処理を何度も繰り返す

面倒な「繰り返し処理」をササッと自動化

この章の最後に、マンガにも出てきた「繰り返し処理」を紹介します。同じような処理を手作業で繰り返すのは面倒で非効率的。「繰り返し処理」を使えるようになると、そんな面倒な処理をササッと自動化できるのでとても便利です。

下の構文を見てください。**指定した回数だけ処理を繰り返す「For ~ Next構文」**です。**構文中の「変数」は実行回数をカウントする**ための変数で、慣習的に「i」「j」「k」などの小文字1文字の変数名が使われます。

（繰り返し）For〜Next構文1

構文 For 変数 = 初期値 To 終了値
　　処理
Next

意味 変数が初期値から終了値になるまで処理を繰り返す

For ~ Next構文では、変数の値が初期値から終了値になるまで処理が繰り返されます。たとえば、処理を3回繰り返したいときは、「初期値」を「1」、「終了値」を「3」として、「For i = 1 To 3」と記述します。各単語や数値の間には半角のスペースを入れてください。

For〜Next構文の流れ

```
For i = 1 To 3
    処理
Next
```

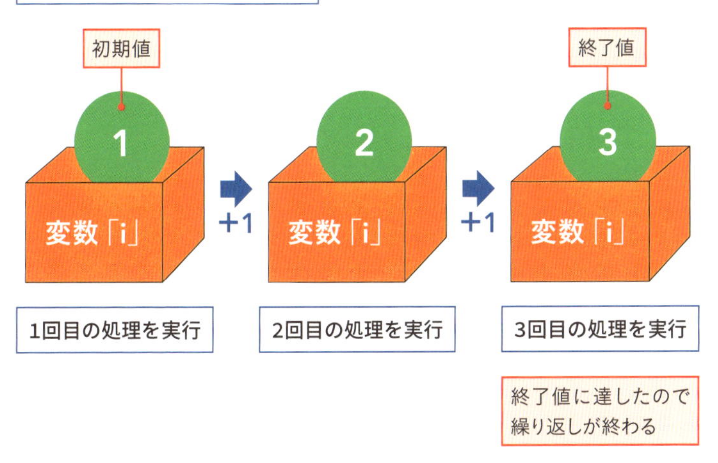

「For i = 1 To 3」と記述すると、変数「i」の値が初期値の「1」から終了値の「3」になるまで処理を3回繰り返す。1回の処理につき、変数「i」に「1」が加算される。

初期値と終了値の組み合わせに応じて、繰り返しの回数が変わります。

- For i = 1 To 5　：変数「i」の値が1、2、3、4、5と変わりながら、処理が5回繰り返される。
- For i = 6 To 9　：変数「i」の値が6、7、8、9と変わりながら、処理が4回繰り返される。

練習として、セルA1～A10の範囲に「1」～「10」を入力してみましょう。For～Next構文の初期値として「1」、終了値として「10」を指定すると、変数「i」の値は「1、2、3、…10」と変化します。実行する処理を書き出すと、次のようになります。

変数「i」が1のとき　：　セルA1に「1」を入力
変数「i」が2のとき　：　セルA2に「2」を入力
変数「i」が3のとき　：　セルA3に「3」を入力
⋮
変数「i」が10のとき　：　セルA10に「10」を入力

書き出した内容を観察すると、A列の「i」行目のセルに変数「i」の値を入力すればよいことがわかります。A列の「i」行目のセルは、「A」という文字と変数「i」を連結して、

```
Range("A" & i)
```

のように記述します。「A」は文字なので「"」（ダブルクォーテーション）で囲みますが、「i」は変数なので「"」で囲まないでください。全体のコードは次のようになります。

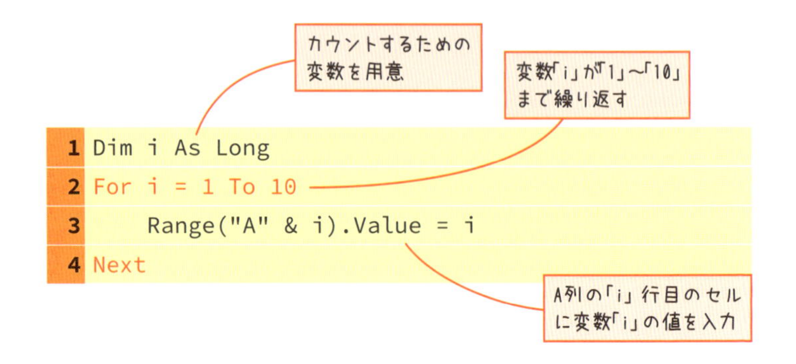

▶ コードの実行結果

	A	B	C	D
1	1			
2	2			
3	3			
4	4			
5	5			
6	6			
7	7			
8	8			
9	9			
10	10			

1回目の処理で入力される

2回目の処理で入力される

10回目の処理で入力される

セルA1～A10に「1」～「10」が入力される。

初期値と終了値を変えれば、入力先のセルや入力される値が変わります。

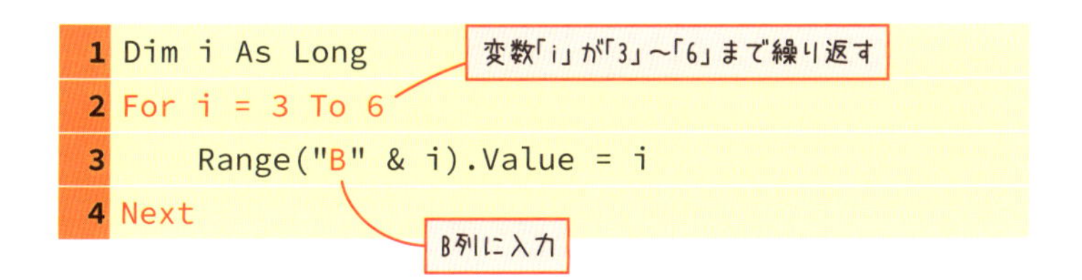

▶ コードの実行結果

	A	B	C	D
1	1			
2	2			
3	3	3		
4	4	4		
5	5	5		
6	6	6		
7	7			
8	8			

セルB3～B6に「3」～「6」が入力される。

「1つ飛ばし」や「2つ飛ばし」で繰り返すには

For ～ Next構文では、特に指定しない限り、1回の処理ごとに変数に「1」が加算されます。この**加算される値を変えたい場合は、「Step 加算値」を記述します**。

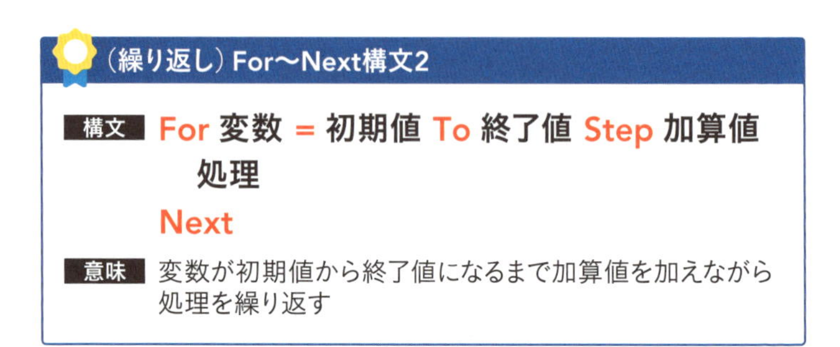
（繰り返し）For～Next構文2

構文 For 変数 = 初期値 To 終了値 Step 加算値
　処理
Next

意味 変数が初期値から終了値になるまで加算値を加えながら処理を繰り返す

初期値と終了値、加算値の組み合わせに応じて、さまざまな条件で繰り返し処理を行えます。たとえば、ワークシートの1行目から5行目まで2行ごとに処理を行いたいときは、初期値に「1」、終了値に「5」、加算値に「2」を指定すればOKです。

次のコードでは、セルC1、C3、C5にそれぞれ「1」「3」「5」を入力します。

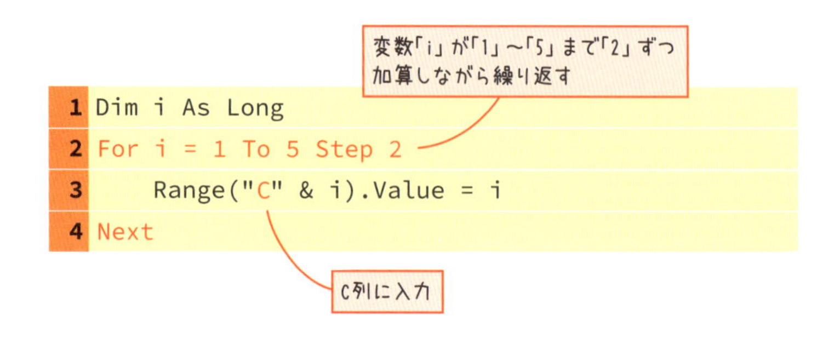


```
1 Dim i As Long
2 For i = 1 To 5 Step 2
3     Range("C" & i).Value = i
4 Next
```

コードの実行結果

	A	B	C	D
1	1		1	
2	2			
3	3	3	3	
4	4	4		
5	5	5	5	
6	6	6		

セルC1、C3、C5にそれぞれ「1」「3」「5」が入力される。

For～Next構文の流れ

```
For i = 1 To 5 Step 2
    処理
Next
```

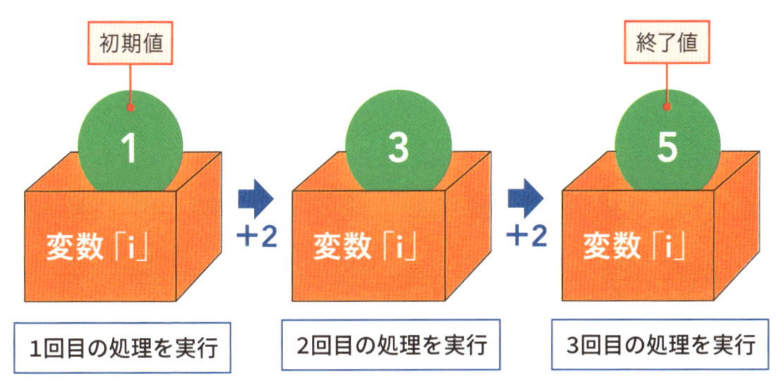

「For i = 1 To 5 Step 2」と記述すると、変数「i」の値が初期値の「1」から終了値の「5」になるまで処理を繰り返す。1回の処理につき、変数「i」に「2」が加算される。

まとめ

①For ～ Next構文を使用すると処理を繰り返せる。
②繰り返す回数は、初期値、終了値、加算値の組み合わせによって決まる。

マクロを作ろう～繰り返し～

こんなマクロを作ろう

繰り返しを利用したマクロを作成しましょう。サンプルファイル「練習_4-3.xlsm」を開いて、次の処理を行うコードを入力してください。

処理の目的

ワークシートの3行目から13行目の範囲を、1行おきに塗りつぶして表のデータを見やすくする。

処理の流れ

・変数「i」の初期値を「3」、終了値を「13」、加算値を「2」として繰り返し処理を実行する。
・1回の処理につき、A列「i」行目のセルを始点として1行4列分のセル範囲にインデックス番号「19」の塗りつぶしの色（薄い青）を設定する。

ヒント

・塗りつぶしの色を設定するには、InteriorオブジェクトのColorIndexプロパティを使用します（104ページ参照）。
・特定のセルを始点として○行○列分のセル範囲を指定するには、「始点セル.Resize(行数, 列数)」と記述します（122ページ参照）。

表の1行おきに色を塗る

	A	B	C	D
1	新規契約数集計			
2	月	第1課	第2課	合計
3	1月	842	827	1,669
4	2月	1,356	1,212	2,568
5	3月	962	1,042	2,004
6	4月	1,213	1,151	2,364
7	5月	1,062	820	1,882
8	6月	1,320	1,205	2,525
9	7月	965	896	1,861
10	8月	1,078	1,035	2,113
11	9月	805	1,309	2,114
12	10月	937	964	1,901
13	11月	1,314	1,202	2,516
14	12月	1,028	1,035	2,063
15				

1行おきに塗りつぶしの色を設定したい

	A	B	C	D
1	新規契約数集計			
2	月	第1課	第2課	合計
3	1月	842	827	1,669
4	2月	1,356	1,212	2,568
5	3月	962	1,042	2,004
6	4月	1,213	1,151	2,364
7	5月	1,062	820	1,882
8	6月	1,320	1,205	2,525
9	7月	965	896	1,861
10	8月	1,078	1,035	2,113
11	9月	805	1,309	2,114
12	10月	937	964	1,901
13	11月	1,314	1,202	2,516
14	12月	1,028	1,035	2,063
15				

セルA3から1行4列分の範囲に色が付く

セルA5から1行4列分の範囲に色が付く

セルA13から1行4列分の範囲に色が付く

表の1行おきに薄い黄色を設定する。塗りつぶす範囲は、ワークシートの3行目～13行目。

コードを入力してマクロを作成する

サンプルファイルを開いて、コードを入力しましょう。

```
1 Sub 隔行塗りつぶし()
2     Dim i As Long
3     For i = 3 To 13 Step 2
4         Range("A" & i).Resize(1, 4).Interior.ColorIndex = 19
5     Next
6 End Sub
```

1	「隔行塗りつぶし」マクロの開始。
2	Long型の変数「i」を用意する。
3	変数「i」が「3」から「13」になるまで「2」を加算しながら繰り返す。
4	A列「i」行目のセルを始点として、1行4列分のセル範囲にインデックス番号「19」の色を設定する。
5	For ～ Next構文の終了。
6	マクロの終了。

「For i = 3 To 13 Step 2」と記述すると、変数「i」の値は「3、5、7、9、11、13」と変化します。1回の処理につき、色を塗る範囲は次のように変化します。

・「i」の値が3：セルA3を始点とした1行4列分のセル範囲
・「i」の値が5：セルA5を始点とした1行4列分のセル範囲

⋮

・「i」の値が13：セルA13を始点とした1行4列分のセル範囲

定型処理でサクサク自動化

Goodrinko
今月も
あと少しだ
来月に入ったら
決算週間で
忙しくなるから
今のうちに
各自やれることは
やっておくように
はい！
よしー
カタ
カタ
カタ
あれ？
えーと…
カタ
カタ…
んー…
どうしたの？
あ
実は
ですね……

こっちの表を
こっちにしたい
「小計」の行だけ
目立たせて
見やすく
したいんですけど
どの魔法がいいか
悩んでまして
なるほどね
今考えてる
のは？

繰り返しだから
For ～ Next 呪文
……ですけど
小計か判断するから
If 呪文の方かな……？
すっ
そういう
ときはね……

ポワ～ン
For～Next
If
ポワ～ン
両方を
For～Next
If
ポワポワ～ン
組み合わせれば
いいのよ
こんな風にっ
両方？
てことは……

どこだ？
4行目から
下に58行目まで、
A列の値を1行ずつ
チェックしていって
あった!
そこに「小計」と
入力されていたら
見やすく
見やすく
見やすく
その行の書式を
設定する
どうだ!
4 北海道 7,820 7,782 15,602
5 青森 8,455 10,967 19,422
6 岩手 10,161 8,485 18,646
7 宮城 7,247 8,736 15,983
8 秋田 11,860 6,701 18,561
9 山形 8,267 9,390 17,657
10 福島 7,961 7,974 15,935
11 小計 61,771 60,035 121,806
12 東京
13 神奈川
14 埼玉
15 千葉
16 茨城
17 栃木
18 群馬 22,916
19 山梨 12,081 24,015
20 小計 166,037 199,023 365,060
21 新潟 9,643 10,589 20,232
22 長野 12,546 8,133 20,679
54 大分 6,149 6,805
55 宮崎 5,419 13,216 18,635
56 鹿児島 9,506 7,699 17,205
57 沖縄 5,621 5,349 10,970
58 小計 75,370 70,485 145,855

これでいい
ですか？
いいわよ
てことはまず
1行ずつの処理だから
For ～ Next で
カタ
カタ

For i = 4 To 58
どういう処理をするか？
Next
こう
そうね
カタ
カタ
で　もしそのセルが
小計なら目立たせるって
処理だから……

こうですね！
For i = 4 To 58
どういう処理をするか
If 小計かどうか判断 Then
小計がある行を目立たせる
End If
Next
やるわね！
そう　Ifを
For ~ Next の中に
入れてくのよね

小計かどうか
判断する呪文は……
カタカタ
カタ…
その行のA列の
セルの値が「小計」か
だから……

小計かどうか判断
For i = 4 To 58
If Range("A" & i).Value ="小計" Then
小計がある行を目立たせる
End If
Next
どうでしょう?

ドキ
ドキ

問題ないわ
ウフフ
パァァ

よっしゃ～！
で　最後は
書式ですよね！

3	都道府県	前期	後期	合計
4	北海道	7,820	7,782	15,602
5	青森	8,455	10,967	19,422
6	岩手	10,161	8,485	18,646
	宮城	7,247	8,736	15,983
	秋田	11,860	6,701	18,561
9	山形	8,267	9,390	17,657
10	福島	7,961	7,974	15,935
11	**小計**	**61,771**	**60,035**	**121,806**

小計がある行のセル背景色を灰色にして、数字を太文字にする

9	山形	8,267	[illegible]	[illegible]
10	福島	7,961	[illegible]	[illegible]
11	小計	61,771	[illegible]	[illegible]
12	東京	22,466	16,681	[illegible]
13	神奈川	23,088	23,289	46,377
14	埼玉	24,062	19,352	43,414
15	千葉	22,040	[illegible]	52,947
16	茨城	[illegible]	[illegible]	[illegible]
17	栃木	[illegible]	[illegible]	[illegible]
18	群馬	22,916	[illegible]	[illegible]
19	山梨	12,081	24,015	[illegible]
20	小計	166,037	199,023	[illegible]
21	新潟	9,643	10,589	20,232
22	長野	12,546	8,133	20,679
23	富山	9,169	17,048	26,217
24	石川	17,747	11,611	29,358
25	福井	12,818	11,462	24,280
26	小計	61,923	58,843	120,766

ここで問題!!
A列i行目から
D列i行目までの範囲を
選択する呪文は？
あっ
RangeとResize
でしたよね

よしっ
ぐっ
グッド

RangeとResizeは……
呪文
Range("A" & i).Resize(行数 , 列数)
意味
A行i列目から指定した行数と列数のセル範囲
こうだったから
これを呪文にすると……
カタ
カタ
カタ

呪文

```
Range("A" & i).Resize(1,4)
```

それは……

こうです！

```
Range("A" & i).Resize(1,4).Font.Bold = True
```

A列i行目から1行4列分のセル範囲の ／ 文字を太字にする

```
Range("A" & i).Resize(1,4).Interior.ColorIndex = 15
```

A列i行目から1行4列分のセル範囲の ／ 背景色を15に設定する

7	宮城	7,247	8,736	15,983
8	秋田	11,860	6,701	18,561
9	[illegible]形	8,267	9,390	17,657
[illegible]	[illegible]島	7,961	7,974	[illegible]
[illegible]	小計	61,771	60,035	[illegible]
12	東京	22,466	16,681	[illegible]
13	神奈川	23,088	23,289	46,377
14	埼玉	24,062	19,352	43,414
15	千葉	22,040	30,907	[illegible]
16	茨城	12,016	22,324	[illegible]
17	栃木	27,368	35,479	[illegible]
18	群馬	22,916	26,976	[illegible]
19	山梨	12,081	24,015	[illegible]
20	小計	166,037	199,023	[illegible]
21	新潟	9,643	10,589	[illegible]
22	長野	12,546	[illegible]	[illegible]
23	富山	9,169	[illegible]	[illegible]
24	石川	17,747	[illegible]	[illegible]
25	福井	12,818	[illegible]	[illegible]
26	小計	61,923	58,843	[illegible]

ズバッ
タイムリミットは
今週一杯ね！
えっ！
今週!?
月 火 水 木 金 土 日
今月
リミット
……全然
時間ないじゃん！
ひーっっ

ドキ
ドキ
ドキ
作れなかったら…!?
ゴキュ
ギラッ
もし　そこで
作れなかったら

私がちゃっちゃと
作っちゃうから！
ベィビーちゃんの
出る幕なしよ！
ええ!?
げしっ
魔法山
山頂
えっ
ホホホホ〜
うわあああああああああ
せっかくここまで
登って来たのに…！
まって
ください！
ヨロ
ヨロ
ギッ
絶対に僕が
作ってみせます!!

マクロを作ろう ～小計行を目立たせる～

こんなマクロを作ろう

第1章から第4章までで、VBAの入門者が身に付けておきたい一通りの操作や構文を紹介しました。この章では、これまでの学習の集大成として、応用的なマクロ作りに挑戦します。

まずは、マンガで金増くんが作成した小計行を目立たせるマクロを、いっしょに作成していきましょう。サンプルファイル「練習_5-1.xlsm」を開いて、操作してください。

サンプルの表は、都道府県ごとの売上数表です。1列目に都道府県名に交じって「小計」の文字が入力されていますが、小計行が目立たず、わかりにくい状況です。

小計行がわかりにくい

19	山梨	12,081	24,015	36,096
20	小計	166,037	199,023	365,060
21	新潟	9,643	10,589	20,232
22	長野	12,546	8,133	20,679
23	富山	9,169	17,048	26,217
24	石川	17,747	11,611	29,358
25	福井	12,818	11,462	24,280
26	小計	61,923	58,843	120,766
27	愛知	21,536	21,273	42,809
28	岐阜	16,912	25,149	42,061

どこに小計行があるのかわかりにくい。

表のデータは、ワークシートの4行目から58行目に入力されています。この範囲から小計行を探して、太字とグレー（インデックス番号15の色）の塗りつぶしを設定するマクロを作成しましょう。

小計行を目立たせたい

	A	B	C	D
1	すっぱレモン　都道府県別売上数一覧			
2				
3	都道府県	前期	後期	合計
4	北海道	7,820	7,782	15,602
5	青森	8,455	10,967	19,422
6	岩手	10,161	8,485	18,646
7	宮城	7,247	8,736	15,983
8	秋田	11,860	6,701	18,561
9	山形	8,267	9,390	17,657
10	福島	7,961	7,974	15,935
11	小計	61,771	60,035	121,806
12	東京	22,466	16,681	39,147
13	神奈川	23,088	23,289	46,377
14	埼玉	24,062	19,352	43,414
15	千葉	22,040	30,907	52,947
16	茨城	12,016	22,324	34,340
17	栃木	27,368	35,479	62,847
18	群馬	22,916	26,976	49,892
19	山梨	12,081	24,015	36,096
20	小計	166,037	199,023	365,060
21	新潟	9,643	10,589	20,232
22	長野	12,546	8,133	20,679
23	富山	9,169	17,048	26,217
24	石川	17,747	11,611	29,358
25	福井	12,818	11,462	24,280
26	小計	61,923	58,843	120,766
27	愛知	21,536	21,273	42,809
28	岐阜	16,912	25,149	42,061
29	静岡	23,652	21,681	45,333
30	三重	13,242	23,224	36,466
31	小計	75,342	91,327	166,669
55	宮崎	[illegible]	[illegible]	[illegible]
56	鹿児島	9,506	7,699	17,205
57	沖縄	5,621	5,349	10,970
58	小計	75,370	70,485	145,855
59	総計	678,009	699,218	1,377,227
60				
61				
62				
63				

4～58行目の範囲から小計行を探して、太字と塗りつぶしの色を設定する。

1行ずつ条件判定を繰り返す

1行おきに色を塗るマクロを166ページで作成しましたが、今回の表は書式設定の行間隔がまちまちです。このようなケースでは、For ～ Next構文だけでは太刀打ちできません。If構文と組み合わせて、表の上から下まで1行ずつ順にチェックして、「小計」と入力されていたらその行に書式設定を行います。**If構文とFor ～ Next構文の組み合わせ技で、条件判定を繰り返す**わけです。

実際のコードを考えましょう。まず、For ～ Next構文を使用して、ワークシートの4行目から58行目まで行数分だけ繰り返し処理を行います。

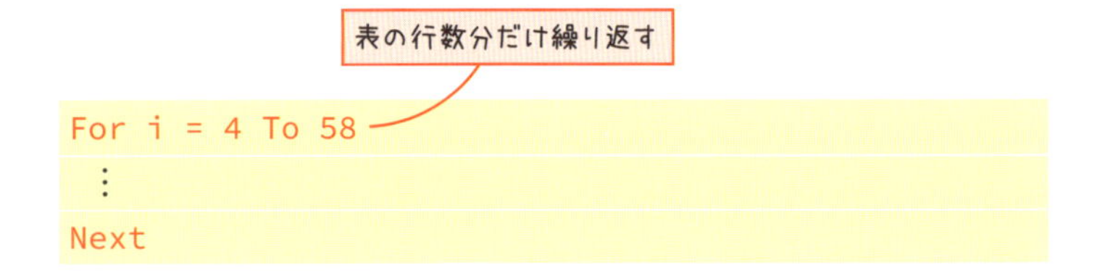

次に、どんな処理を繰り返すのかを考えます。A列の「i」行目のセルの値が「小計」に等しいかどうかを調べたいので、If構文を使用します。条件式は、A列「i」行目のセルの値が「小計」に等しい、です。「A」は文字なので「"」（ダブルクォーテーション）で囲み、「i」は変数なので囲まずに入力してくださいね。

```
Range("A" & i).Value = "小計"
```

A列「i」行目のセルの値が「小計」に等しいかどうかを判定する条件式

この条件式をIf構文に組み込み、For ～ Next構文の内側に記述します。内側に入れることによって、1行ずつ条件判定を繰り返せます。

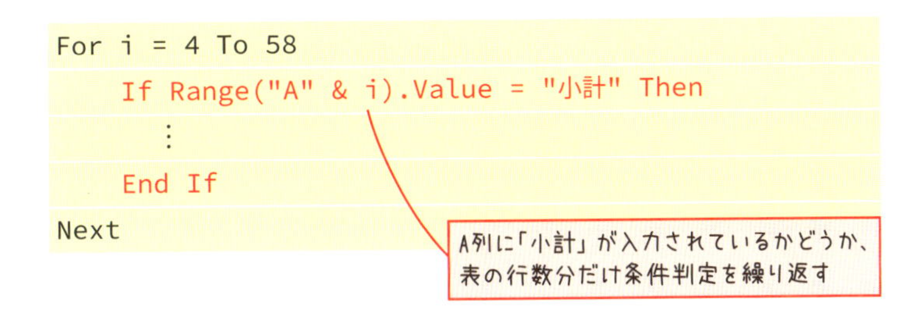

```
For i = 4 To 58
    If Range("A" & i).Value = "小計" Then
        ⋮
    End If
Next
```


このIf構文を使用して、A列「i」行目のセルの値が「小計」であるかどうかをチェックします。「小計」でない場合は何もせず、「小計」である場合には書式設定を行います。

A列のセルの値を1行ずつチェックしていく

	A	B	C	D	E	F	G	H
1	すっぱレモン　都道府県別売上数一覧							
2								
3	都道府県	前期	後期	合計				
4	北海道	7,820	7,782	15,602	A列4行目 → 「小計」でない			
5	青森	8,455	10,967	19,422				
6	岩手	10,161	8,485	18,646	A列5行目 → 「小計」でない			
7	宮城	7,247	8,736	15,983				
8	秋田	11,860	6,701	18,561				
9	山形	8,267	9,390	17,657				
10	福島	7,961	7,974	15,935				
11	小計	61,771	60,035	121,806	A列11行目 → 「小計」である ↓ 書式設定を行う			
12	東京	22,466	16,681	39,147				
13	神奈川	23,088	23,289	46,377				
14	埼玉	24,062	19,352	43,414				
15	千葉	22,040	30,907	52,947				
16	茨城	12,016	22,324	34,340				
17	栃木	27,368	35,479	62,847				

A列「i」行目のセルを1行ずつチェックして、「小計」である場合にのみ書式設定の処理を行う。

1行4列分のセル範囲に書式を設定する

最後に、小計行に対する書式設定の処理を考えましょう。ポイントは、書式を設定する範囲を正しく指定することです。設定する範囲は、A行「i」列目のセルを始点として、1行4列分の範囲です。

書式設定するセル範囲は1行4列

8	秋田	11,860		
9	山形	8,267	9,390	17,657
10	福島	7,961	7,974	15,935
11	小計	61,771	60,035	121,806
12	東京	22,466	16,681	39,147
13	神奈川	23,088	23,289	46,377

A列「i」行目のセルを始点として、1行4列分のセル範囲に書式設定したい。

そこで、122ページで紹介した「Resize」の出番です。始点のセル、行数、列数を指定すると、指定したセルを始点として、指定したサイズのセル範囲を表せます。

```
始点のセル.Resize(行数, 列数)
Range("A" & i).Resize(1, 4)
```


太字と塗りつぶしの設定は、次のようになります。

```
Range("A" & i).Resize(1, 4).Font.Bold = True
Range("A" & i).Resize(1, 4).Font.ColorIndex = 15
```

コードを入力してマクロを作成する

実際にコードを入力してマクロを作成しましょう。入力し終えたら、マクロを実行して実行結果を確認してください。

```
1 Sub 小計行強調()
2     Dim i As Long
3     For i = 4 To 58
4         If Range("A" & i).Value = "小計" Then
5             Range("A" & i).Resize(1, 4).Font.Bold = True
6             Range("A" & i).Resize(1, 4).Interior.ColorIndex = 15
7         End If
8     Next
9 End Sub
```

1	「小計行強調」マクロの開始。
2	「i」という名前のLong型の変数を用意する。
3	変数「i」が「4」から「58」になるまで繰り返す。
4	A列「i」行のセルの値が「小計」に等しい場合、
5	A列「i」行のセルを始点として1行4列分のセルを太字にする。
6	A列「i」行のセルを始点として1行4列分のセルにインデックス番号「15」の色を設定する。
7	If構文の終了。
8	For～Next構文の終了。
9	マクロの終了。

マクロを作ろう
～「販売終了」行の削除～

こんなマクロを作ろう

サンプルファイル「練習_5-2.xlsm」には、商品リストが作成されています。E列に「販売終了」と入力されている商品データを行ごと削除するマクロを作成しましょう。

▶ 販売終了商品を削除する

	A	B	C	D	E
1	カラーチェスト　商品リスト				
2					
3	品番	タイプ	色	定価	状態
4	CR3W	3段	白	¥7,500	
5	CR3B	3段	茶	¥7,500	
6	CR3Y	3段	黄	¥7,500	販売終了
7	CR3G	3段	緑	¥7,500	販売終了
8	CR3L	3段	青	¥7,500	
9	CS3W	スリム3段	白	¥7,000	
10	CS3Y	スリム3段	黄	¥7,000	販売終了
11	CS3L	スリム3段	青	¥7,000	
12	CW3W	ワイド3段	白	¥8,000	

E列に「販売終了」と入力されている商品データを行ごと削除したい。

なお、データを削除したり、書き換えたりするマクロの作成で**動作をテストするときは、あらかじめ元のファイルをコピーしておきましょう。万が一テストに失敗したときは、コピーしたファイルからデータを復元してください。**

表の行数の変化に注目

　下図は、マクロの実行前と実行後の表を並べたものです。「販売終了」のデータを行ごと削除するので、実行の前後で表の行数が変化することを念頭に置いて、マクロを作成していきます。

マクロの実行の前後で表の行数が変わる

	A	B	C	D	E
1	カラーチェスト　商品リスト				
2					
3	品番	タイプ	色	定価	状態
4	CR3W	3段	白	¥7,500	
5	CR3B	3段	茶	¥7,500	
6	CR3Y	3段	黄	¥7,500	販売終了
7	CR3G	3段	緑	¥7,500	販売終了
8	CR3L	3段	青	¥7,500	
9	CS3W	スリム3段	白	¥7,000	
10	CS3Y	スリム3段	黄	¥7,000	販売終了
11	CS3L	スリム3段	青	¥7,000	
12	CW3W	ワイド3段	白	¥8,000	
13	CW3L	ワイド3段	青	¥8,000	
14	CR4W	4段	白	¥9,500	
15	CR4B	4段	茶	¥9,500	
16	CR4Y	4段	黄	¥9,500	販売終了
17	CR4G	4段	緑	¥9,500	販売終了
18	CR4L	4段	青	¥9,500	
19	CS4W	スリム4段	白	¥9,000	
20	CS4Y	スリム4段	黄	¥9,000	販売終了
21	CS4L	スリム4段	青	¥9,000	
22	CW4W	ワイド4段	白	¥10,000	
23	CW4L	ワイド4段	青	¥10,000	
24	CR5W	5段	白	¥11,500	
25	CR5B	5段	茶	¥11,500	
26	CR5Y	5段	黄	¥11,500	販売終了
27	CR5G	5段	緑	¥11,500	販売終了
28	CR5L	5段	青	¥11,500	
29	CS5W	スリム5段	白	¥11,000	
30	C			¥11,000	販売終了
31	C			¥11,000	
32	CW5W	ワイド5段	白	¥12,000	
33	CW5L	ワイド5段	青	¥12,000	
34					

最終行は33行目

	A	B	C	D	E
1	カラーチェスト　商品リスト				
2					
3	品番	タイプ	色	定価	状態
4	CR3W	3段	白	¥7,500	
5	CR3B	3段	茶	¥7,500	
6	CR3L	3段	青	¥7,500	
7	CS3W	スリム3段	白	¥7,000	
8	CS3L	スリム3段	青	¥7,000	
9	CW3W	ワイド3段	白	¥8,000	
10	CW3L	ワイド3段	青	¥8,000	
11	CR4W	4段	白	¥9,500	
12	CR4B	4段	茶	¥9,500	
13	CR4L	4段	青	¥9,500	
14	CS4W	スリム4段	白	¥9,000	
15	CS4L	スリム4段	青	¥9,000	
16	CW4W	ワイド4段	白	¥10,000	
17	CW4L	ワイド4段	青	¥10,000	
18	CR5W	5段	白	¥11,500	
19	CR5B	5段	茶	¥11,500	
20	CR5L	5段	青	¥11,500	
21	CS5W	スリム5段	白	¥11,000	
22	CS5L	スリム5段	青	¥11,000	
23	CW5W	ワイド5段	白	¥12,000	
24	CW5L	ワイド5段	青	¥12,000	
25					
26					
27					
28					
29					
30					
31					
32					
33					
34					

最終行は24行目

マクロの実行前は、4〜33行目にデータが入力されている。実行後はデータ数が減り、最終行は24行目に変わる。

下から上に向かって1行ずつチェックする

前節で「小計と入力されている行に書式を付ける」というマクロを作成しました。今回作成するのは、「販売終了と入力されている行を削除する」処理です。「書式設定のコードを行削除に置き換えればいいだけですね！」と、張り切る金増くんの声が聞こえてくるようです。

しかし、今回は処理の最中に行数が変わってしまうので、もう少し工夫が必要です。実際に手動で行を削除して、削除後の行番号の変化の様子を確認してみましょう。

行削除後の行番号の変化を確かめる

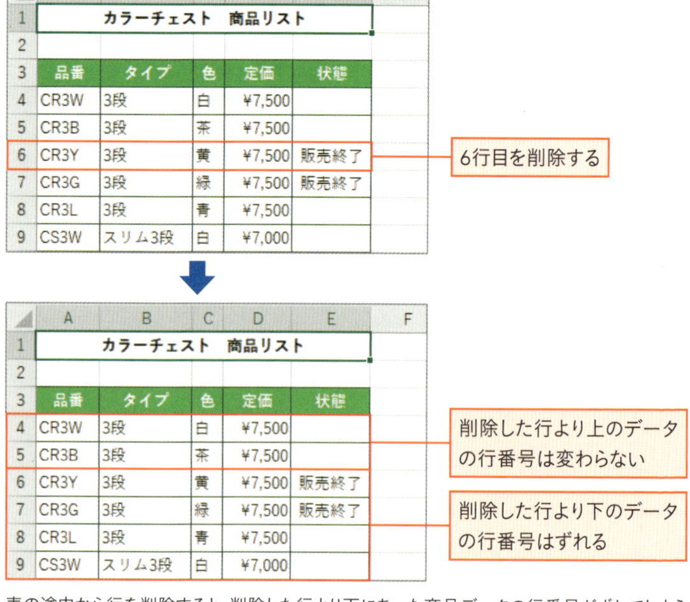

	A	B	C	D	E	F
1	カラーチェスト　商品リスト					
2						
3	品番	タイプ	色	定価	状態	
4	CR3W	3段	白	¥7,500		
5	CR3B	3段	茶	¥7,500		
6	CR3Y	3段	黄	¥7,500	販売終了	
7	CR3G	3段	緑	¥7,500	販売終了	
8	CR3L	3段	青	¥7,500		
9	CS3W	スリム3段	白	¥7,000		

	A	B	C	D	E	F
1	カラーチェスト　商品リスト					
2						
3	品番	タイプ	色	定価	状態	
4	CR3W	3段	白	¥7,500		
5	CR3B	3段	茶	¥7,500		
6	CR3Y	3段	黄	¥7,500	販売終了	
7	CR3G	3段	緑	¥7,500	販売終了	
8	CR3L	3段	青	¥7,500		
9	CS3W	スリム3段	白	¥7,000		

表の途中から行を削除すると、削除した行より下にあった商品データの行番号がずれてしまう。上にあった商品データの行番号は変わらない。

今回のマクロも前節のマクロと同様に、For～Next構文を使用して変数「i」で操作対象の行を順に切り替えながら処理を進めます。しかし、上の行から順に販売終了の行を削除していくと、まだ処理が済んでいない下の行の行番号が変わってしまい、変数「i」で行を操作できなくなります。

こんなときは発想を転換して、**下の行から順に処理を進めましょう**。そうすれば行を削除したときに、行番号が変わるのは処理済みの行だけになります。未処理の上の行は行番号が変わらないので、引き続き変数「i」で行を操作できるというわけです。

For～Next構文の初期値を「33」、終了値を「4」、そして加算値を「-1」とすると、変数「i」の値を「33、32、31、…、5、4」と「-1」ずつ加算しながら（「1」ずつ減算しながら）処理を繰り返せます。

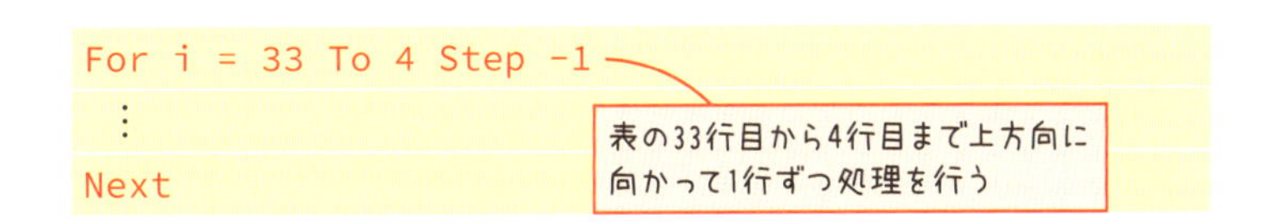

```
For i = 33 To 4 Step -1
  :
Next
```


▶ 下から上へ向かって処理をする

3	品番	タイプ	色	定価	状態
4	CR3W	3段	白	¥7,500	
5	CR3B	3段	茶	¥7,500	
6	CR3Y	3段	黄	¥7,500	販売終
30	CS5Y	スリム5段	黄	¥11,000	販売終
31	CS5L	スリム5段	青	¥11,000	
32	CW5W	ワイド5段	白	¥12,000	
33	CW5L	ワイド5段	青	¥12,000	

終了値（4）
初期値（33）

初期値を「33」、終了値を「4」として、下から上に向かって処理を進める。

E列の「i」行目のセルの値が「販売終了」に等しいかどうかを調べたいので、For～Next構文の内側に次のようなIf構文を組み込みます。

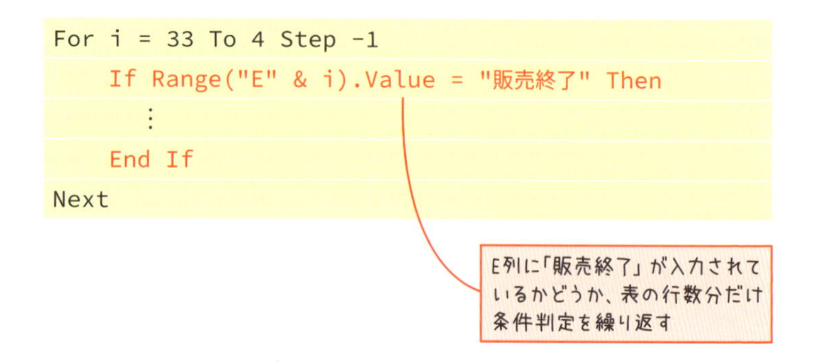

```
For i = 33 To 4 Step -1
    If Range("E" & i).Value = "販売終了" Then
       ⋮
    End If
Next
```


E列の「i」行目のセルの値が「販売終了」に等しい場合、「i」行目の行を削除します。「i」行目の行は「Rows(i)」と表せます。また、行を削除するにはDeleteメソッドを使用します。

```
For i = 33 To 4 Step -1
    If Range("E" & i).Value = "販売終了" Then
        Rows(i).Delete
    End If
Next
```


なお、110ページで紹介したとおり、Deleteメソッドは削除後にセルを埋める方向を指定するための引数を持ちますが、行全体を削除する場合は自動的に上方向にずれるので、引数を指定する必要はありません。

コードを入力してマクロを作成する

実際にコードを入力してマクロを作成しましょう。入力し終えたら、マクロを実行して実行結果を確認してください。

```
1 Sub 販売終了行削除()
2     Dim i As Long
3     For i = 33 To 4 Step -1
4         If Range("E" & i).Value = "販売終了" Then
5             Rows(i).Delete
6         End If
7     Next
8 End Sub
```

1	「販売終了行削除」マクロの開始。
2	「i」という名前のLong型の変数を用意する。
3	変数「i」が「33」から「4」になるまで「1」ずつ減算しながら繰り返す。
4	E列「i」行のセルの値が「販売終了」に等しい場合、
5	「i」行目の行を削除する。
6	If構文の終了。
7	For ～ Next構文の終了。
8	マクロの終了。

マクロを作ろう
～納品書のデータを転記～

こんなマクロを作ろう

本書のマクロ作りもいよいよ大詰め。納品書のデータを一覧表に転記するマクロを作成します。サンプルファイルは、「練習_5-3.xlsm」です。マクロの概要は第1章で紹介していますが、ここでもう一度確認しておきましょう。

▶ 納品書のデータを一覧表へ転記する

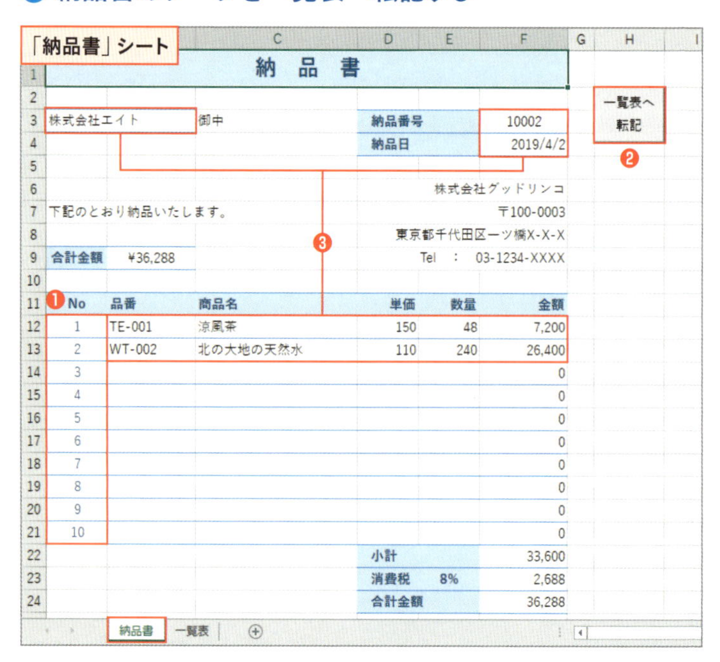

「一覧表」シート

No	日付	顧客名	品番	商品名	単価	数量	金額
10001	2019/4/1	マルワ株式会社	SD-002	ウィルキントン	130	120	15,600
10001	2019/4/1	マルワ株式会社	WT-002	北の大地の天然水	110	72	7,920
10001	2019/4/1	マルワ株式会社	SD-003	すっぱレモン	140	96	13,440
10002	2019/4/2	株式会社エイト	TE-001	涼風茶	150	48	7,200
10002	2019/4/2	株式会社エイト	WT-002	北の大地の天然水	110	240	26,400

❹

納品書 | 一覧表

納品書には10行の明細行があるが、全部が埋まっているとは限らない❶。「一覧表へ転記」ボタンをクリックすると❷、納品番号、納品日、顧客名、および明細行のうちデータが入力されている行のデータが❸、一覧表の新しい行に転記される❹。

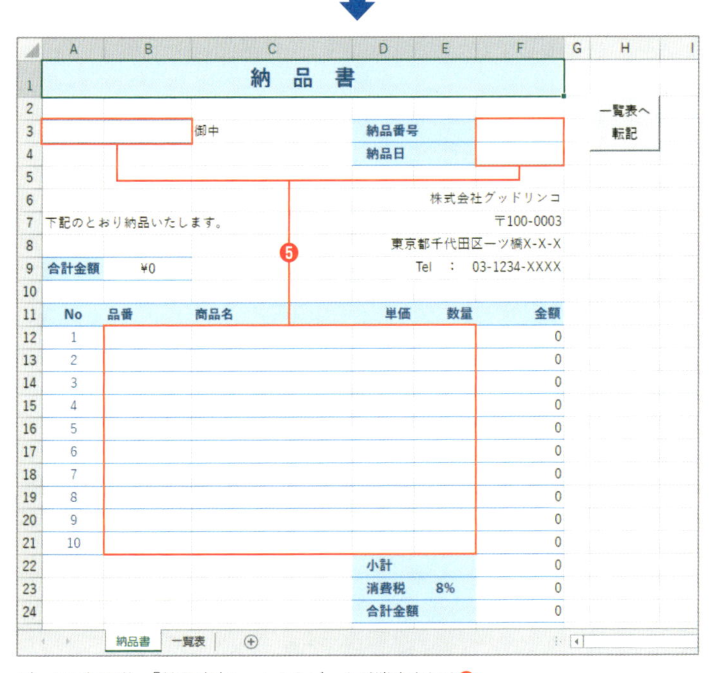

データの転記後、「納品書」シートからデータが消去される❺。

一覧表の最終行の行番号を基準に転記先の行番号を求める

このマクロでは、一覧表の新しい行にデータを転記します。そのため、一覧表に既に入力されているデータの行数を調べる必要があります。121ページで紹介したとおり、セルA1から始まる表の行数は次のコードで求められます。

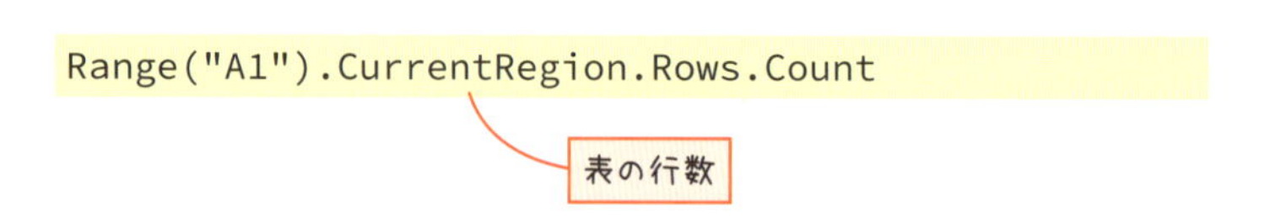

ただし、このマクロは「納品書」シートが前面に表示されている状態で実行します。「一覧表」シートは背面にあるので、シート名を明記します。

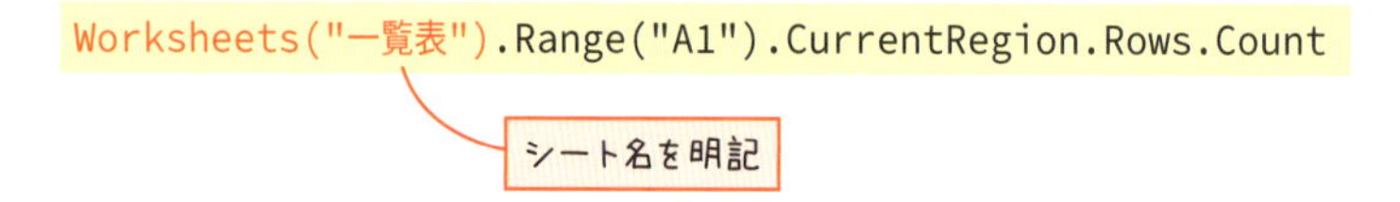

一覧表の行数は、表の最終行の行番号に一致します。「最終行」という名前のLong型の変数を用意して、表の行数を代入することにします。

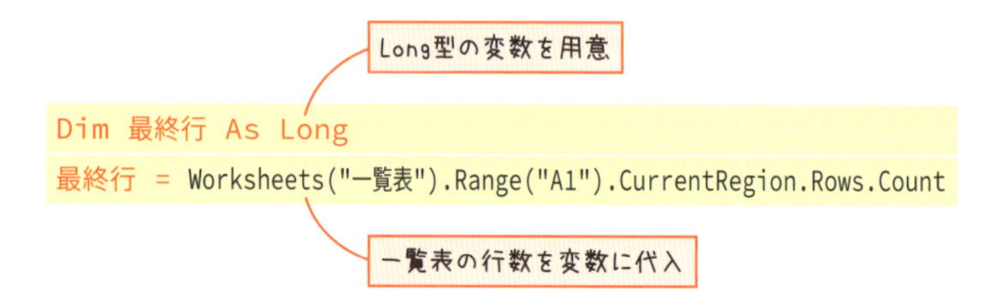

表の行数は最終行の行番号と一致する

	A	B	C	D	E	F	G	H
1	No	日付	顧客名	品番	商品名	単価	数量	金額
2	10001	2019/4/1	マルワ株式会社	SD-002	ウィルキントン	130	120	15,600
3	10001	2019/4/1	マルワ株式会社	WT-002	北の大地の天然水	110	72	7,920
4	10001	2019/4/1	マルワ株式会社	SD-003	すっぱレモン	140	96	13,440
5								
6								
7								
8								

表の最終行の行番号を
変数「最終行」に代入

表の行数は最終行の行番号に一致する。図では、表の行数は「4」で、表の最終行の行番号も「4」。この数値を変数「最終行」に代入する。

納品書には明細行が10行あります。明細データが転記される場所は、一覧表の最終行を基準に「1行下」「2行下」「3行下」…「10行下」と表せます。

たとえば、1行目の明細データは最終行の1つ下の行に転記され、2行目の明細データは最終行の2つ下の行に転記されるという具合です。

一覧表の最終行を基準に転記先の行が決まる

	A	B	C	D
1	No	日付	顧客名	品番
2	10001	2019/4/1	マルワ株式会社	SD-002
3	10001	2019/4/1	マルワ株式会社	WT-002
4	10001	2019/4/1	マルワ株式会社	SD-003
5				
6				
7				
8				
9				
10				

最終行
最終行 + 1
最終行 + 2
⋮

納品書の1行目の明細データは「最終行 + 1」行目に転記され、2行目の明細データは「最終行 + 2」行目に転記される。

明細行の行数分だけ処理を繰り返す

納品書には、明細行が10行あります。その10行のデータを1行ずつ転記するために、For ～ Next構文の初期値に「1」、終了値に「10」を指定して、明細行分の繰り返し処理を行います。

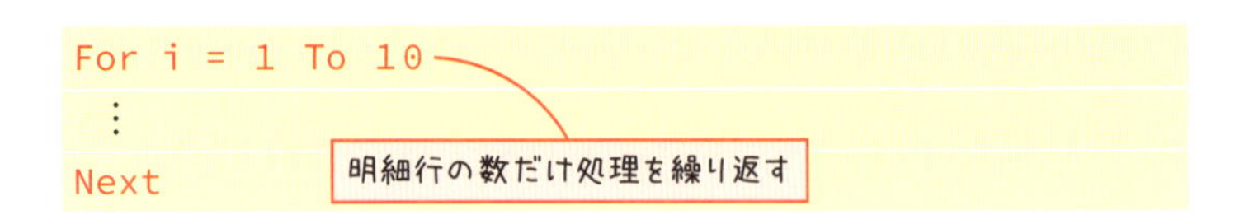

明細行の「i」行目の行番号は、「i + 11」と表せます。たとえば、明細行の1行目の行番号は「1 + 11」で「12」、2行目の行番号は「2 + 11」で「13」という具合です。

▶ 明細行の行番号を変数「i」で表す

i = 1：i + 11 = 12
i = 2：i + 11 = 13
i = 3：i + 11 = 14
⋮
i = 10：i + 11 = 21

行			
9	合計金額	¥36,288	
10			
11	No	品番	商品名
12	1	TE-001	涼風茶
13	2	WT-002	北の大地の天然水
14	3		
15	4		
16	5		
17	6		
18	7		
19	8		
20	9		
21	10		
22			

明細行の「i」行目の行番号は、「i + 11」と表せる。

なお、1回分の繰り返し処理で転記される明細行のセル範囲は、「品番」欄のセルであるB列「i +11」行目のセルを始点とした「1行5列」分の範囲なので、「Resize」を使用して下図のように表せます。

▶ 品番を始点として1行5列分のセル範囲

9	合計金額	¥36,288		Tel	:	03-1234-XXXX
10						
11	No	品番	商品名	単価	数量	金額
12	1	TE-001	涼風茶	150	48	7,200
13	2	WT-002	北の大地の天然水	110	240	26,400
14	3					0
15	4					0
16	5					0

Range("B" & i + 11).Resize(1, 5)

明細行の「i」行目のデータの範囲は、「Resize」を使用して表せる。

明細データが存在する場合だけ転記する

10行ある明細行のすべてにデータが入力されているとは限りません。ここでは、「品番」欄にデータが入力されているかどうかをチェックして、入力されている場合にだけ転記処理を行います。

B列「i + 11」行目のセルの値が「""」（未入力）でなければ、「品番」欄にデータが入力されていると判断できます。

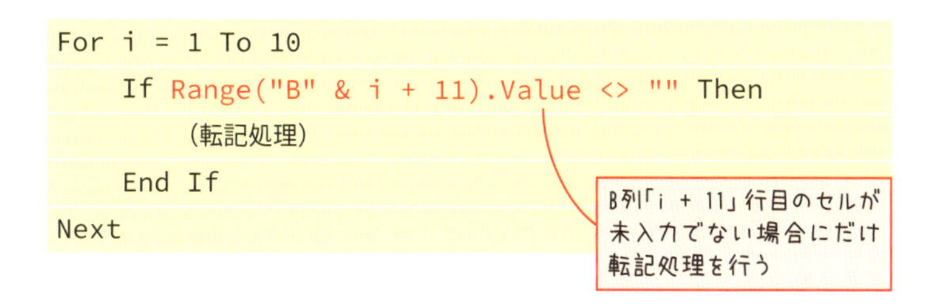

```
For i = 1 To 10
    If Range("B" & i + 11).Value <> "" Then
        (転記処理)
    End If
Next
```

明細データを一覧表にコピーする

次に、転記処理のコードを考えていきましょう。転記元のセルと転記先のセルの対応は次のようになります。

Ⓐセル F3（納品番号）→ 一覧表のA列「最終行 + i」行
Ⓑセル F4（納品日）→ 一覧表のB列「最終行 + i」行
Ⓒセル A3（顧客名）→ 一覧表のC列「最終行 + i」行
Ⓓ「i + 11」行の明細データ → 一覧表のD列「最終行 + i」行

▶ 転記元と転記先のセルの対応

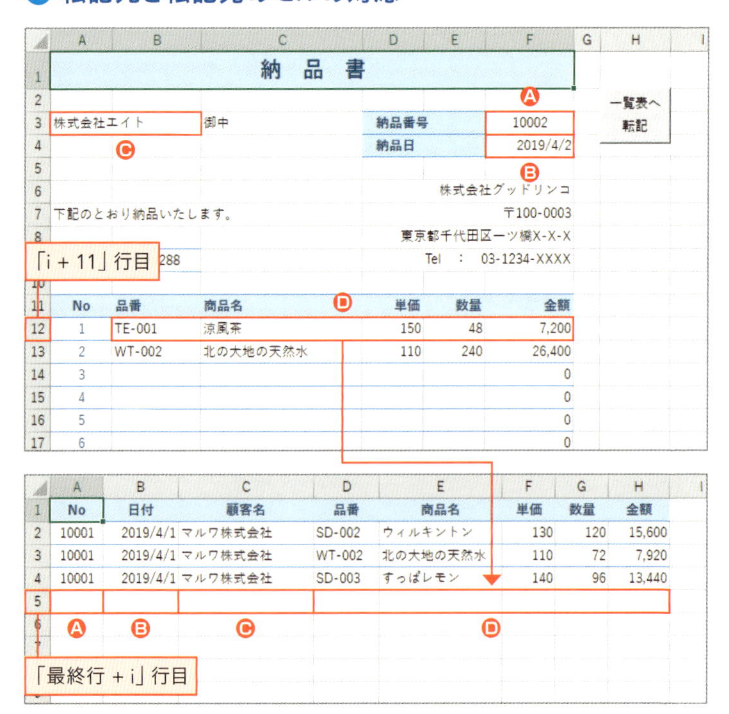

No	品番	商品名	単価	数量	金額
1	TE-001	涼風茶	150	48	7,200
2	WT-002	北の大地の天然水	110	240	26,400
3					0
4					0
5					0
6					0

No	日付	顧客名	品番	商品名	単価	数量	金額
10001	2019/4/1	マルワ株式会社	SD-002	ウィルキントン	130	120	15,600
10001	2019/4/1	マルワ株式会社	WT-002	北の大地の天然水	110	72	7,920
10001	2019/4/1	マルワ株式会社	SD-003	すっぱレモン	140	96	13,440

納品書側の転記元のセルと一覧表側の転記先のセルの対応を確認する。

ここではCopyメソッドを利用して、データといっしょに書式もコピーすることにします。「コピーするセル.Copy 貼り付け先のセル」と記述すると、指定したセルを指定した位置にコピーできます。

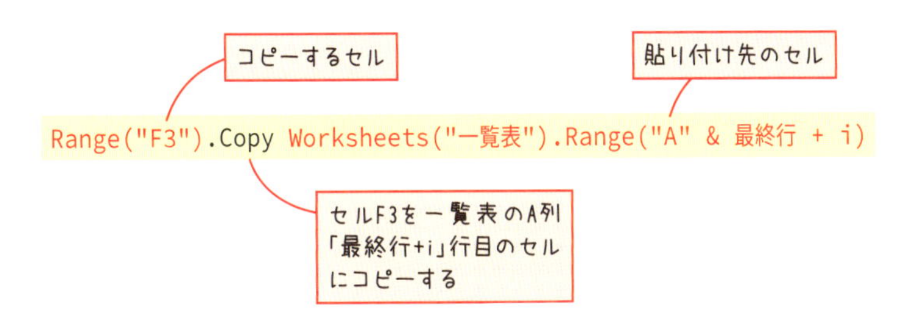

全体のコードは、次のようになります。

```
For i = 1 To 10
    If Range("B" & i + 11).Value <> "" Then
        Range("F3").Copy Worksheets("一覧表").Range("A" & 最終行 + i)
        Range("F4").Copy Worksheets("一覧表").Range("B" & 最終行 + i)
        Range("A3").Copy Worksheets("一覧表").Range("C" & 最終行 + i)
        Range("B" & i + 11).Resize(1, 5).Copy _
            Worksheets("一覧表").Range("D" & 最終行 + i)
    End If
Next
```

最後に、次の入力に備えて入力欄のデータを消去します。セルに入力されたデータを消去するには、ClearContentsメソッドを使用します。消去するセルは、

セルF3～F4（納品番号と納品日）

セルA3（顧客名）

セルB12～E21（明細データ）

です。これを3行に分けて記述することもできますが、

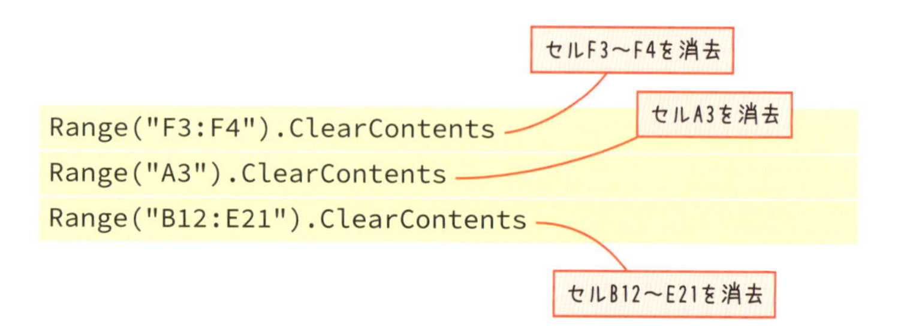

複数のセルやセル範囲を「,」（カンマ）で区切って、まとめて指定することも可能です。

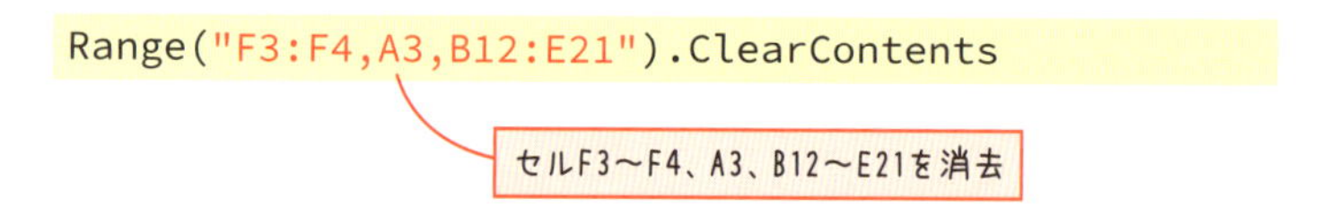

コードを入力してマクロを作成する

実際にコードを入力してマクロを作成しましょう。入力し終えたら、マクロを実行して実行結果を確認してください。

```
1  Sub 転記()
2      Dim 最終行 As Long
3      Dim i As Long
4      最終行 = Worksheets("一覧表").Range("A1").CurrentRegion.Rows.Count
5      For i = 1 To 10
6          If Range("B" & i + 11).Value <> "" Then
7              Range("F3").Copy Worksheets("一覧表").Range("A" & 最終行 + i)
8              Range("F4").Copy Worksheets("一覧表").Range("B" & 最終行 + i)
9              Range("A3").Copy Worksheets("一覧表").Range("C" & 最終行 + i)
10             Range("B" & i + 11).Resize(1, 5).Copy _
                   Worksheets("一覧表").Range("D" & 最終行 + i)
11         End If
12     Next
13     Range("F3:F4,A3,B12:E21").ClearContents
14 End Sub
```

1	「転記」マクロの開始。
2	「最終行」という名前のLong型の変数を用意する。
3	「i」という名前のLong型の変数を用意する。
4	変数「最終行」に、「一覧表」シートのセルA1を含む表の行数を代入する。
5	変数「i」が「1」から「10」になるまで繰り返す。
6	B列「i」行のセルの値が「""」に等しくない場合、
7	セルF3を「一覧表」シートのA列「最終行 + i」行目にコピーする。
8	セルF4を「一覧表」シートのB列「最終行 + i」行目にコピーする。
9	セルA3を「一覧表」シートのC列「最終行 + i」行目にコピーする。
10	B列「i + 11」行から1行5列分のセル範囲を、「一覧表」シートのD列「最終行 + i」行目にコピーする。
11	If構文の終了。
12	For ~ Next構文の終了。
13	セルF3 ~ F4、A3、B12 ~ E21のデータを消去する。
14	マクロの終了。

Sub 売上報告書統合()
Dim パス As String
Dim 統合F As String
Dim 件数 As Long
Dim 行番号 As Long
パス = ThisWorkbook.Path &
行番号 = Range("A3").Curr
統合F = Dir(パス &
Do While 統合F <>
Workbooks.Open
件数 = Range("A7")
Range("B4").Copy
ThisWorkbook.Workshee
Range("B9").Resize(件数, 7).Copy
ThisWorkbook.Worksheets("売上デ
行番号 = 行番号 + 件数
ActiveWorkbook.Close
統合F = Dir()
Loop
End Sub
これでどうだ……
ドキドキ
ついに自動転記のマクロが完成だって
どれどれ
へぇ
カチッ
パッ
転記成功!
!
よっしゃああ!
ポンッ
お〜〜っ
よくここまで登って来たわね
金増くん

どう
ここまで登ってきた感想は?
じ〜ん…
ついに名前を……
ベイビーちゃん卒業…!!
ありがとうございます!

魔法山
山頂
最高です！
不肖金増　VBA を
制覇しました！
お黙り！
ピシャッ
えっ
この山は
魔法百名山のうちの
まだほんの１つ目！
ゴオッ
生意気言うのは
百万年早いわよ！
まだまだ
行くわよ！
ひぃ〜
すみません
でしたぁ !!
やっぱ魔女
だったの〜 !?
でもついて
行きます

索引

さ〜た行

な〜ら行

著者・監修
きたみ あきこ
プログラマー、パソコンインストラクターを経て、現在はフリーのテクニカルライターとして、パソコン関連の雑誌や書籍の執筆を中心に活動中。主な著書に『Excel VBA 誰でもできる「即席マクロ」でかんたん効率化』『自分でつくるAccess販売・顧客・帳票管理システム かんたん入門 2016/2013/2010対応』(小社刊)などがある。

シナリオ
秋内 常良
東京都稲城市出身。慶應義塾大学卒業後、演劇活動のかたわら映像制作業を開始。小説コンテストの新人賞入賞を機に執筆活動も開始。『マンガでわかる考えすぎて動けない人のための「すぐやる!」技術』(日本実業出版社刊)など、ビジネスコミックのシナリオも多数執筆。

マンガ
朝戸 ころも
有名漫画家のアシスタントとして実績を積む傍ら、ビジネスコミックや広告マンガの制作でも活躍している漫画家。作画担当の代表作は『マンガで学ぶパワーポイント [PowerPoint]』(小社刊)ほか多数。

マンガ制作
株式会社トレンド・プロ
1988年創業のマンガ制作会社。マンガに関わるあらゆる制作物の企画・制作・編集を行う。『まんがでわかる 伝え方が9割』(ダイヤモンド社刊)ほか、ビジネスコミックの制作実績多数。

お問い合わせ

本書の内容に関する質問は、下記のメールアドレスまで、書籍名を明記のうえお送りください。電話によるご質問には一切お答えできません。また、本書の内容以外についてのご質問についてもお答えすることができませんので、あらかじめご了承ください。なお、質問への回答期限は本書発行日より2年間とさせていただきます。

メールアドレス:
pc-books@mynavi.jp

STAFF

装丁・本文デザイン	吉村 朋子
DTP	富 宗治
SpecialThanks	金益 央典

マンガで学ぶエクセル VBA・マクロ

2019年1月29日　初版1刷発行／2023年6月30日　初版10刷発行

著者	きたみ あきこ(著者・監修)、 秋内 常良(シナリオ)、朝戸 ころも(マンガ)、トレンド・プロ(マンガ制作)
発行者	角竹輝紀
発行所	株式会社 マイナビ出版 〒101-0003　東京都千代田区一ツ橋2-6-3　一ツ橋ビル 2F TEL:0480-38-6872(注文専用ダイヤル) TEL:03-3556-2731(販売部) TEL:03-3556-2736(編集部) 編集部問い合わせ先:pc-books@mynavi.jp URL:https://book.mynavi.jp

印刷・製本　図書印刷 株式会社

ISBN978-4-8399-6679-9